科技史新视角研究丛书

中国科学院自然科学史研究所 主编

王芳 著

从模仿到创新
苏联液体弹道火箭技术的发展（1944—1951）

山东科学技术出版社
·济南·

图书在版编目（CIP）数据

从模仿到创新：苏联液体弹道火箭技术的发展：1944—1951 / 王芳著. -- 济南：山东科学技术出版社，2024.4

（科技史新视角研究丛书）

ISBN 978-7-5331-9558-8

Ⅰ.①从… Ⅱ.①王… Ⅲ.①液体推进剂火箭－技术史－苏联－1944—1951 Ⅳ.①V475.1

中国国家版本馆CIP数据核字（2024）第096267号

从模仿到创新——苏联液体弹道火箭技术的发展（1944—1951）

CONG MOFANG DAO CHUANGXIN——SULIAN YETI DANDAO HUOJIAN JISHU DE FAZHAN（1944—1951）

责任编辑：吴英华　杨　磊
装帧设计：孙小杰

主管单位：山东出版传媒股份有限公司
出 版 者：山东科学技术出版社
　　　　　地址：济南市市中区舜耕路517号
　　　　　邮编：250003　电话：（0531）82098088
　　　　　网址：www.lkj.com.cn
　　　　　电子邮件：sdkj@sdcbcm.com
发 行 者：山东科学技术出版社
　　　　　地址：济南市市中区舜耕路517号
　　　　　邮编：250003　电话：（0531）82098067
印 刷 者：山东新华印务有限公司
　　　　　地址：济南市高新区世纪大道2366号
　　　　　邮编：250104　电话：（0531）82091306

规格：16开（170 mm×240 mm）
印张：15　字数：207千
版次：2024年4月第1版　印次：2024年4月第1次印刷
定价：88.00元

飞到波罗的海这个位置时,我还没有意识到,这个发射场在历史上会成为20世纪伟大的火箭竞赛的开端。这场竞赛吸引了世界各地的人们,世纪末之前几乎世界上所有的军队都以这样或那样的形式获得了火箭武器……那些日子,我们并没有想象到这样历史转折性的武器技术的前景,纯粹是职业工程师的好奇心和对国家的责任感驱使着我们。

——苏联火箭专家切尔托克回忆探究 V-2 时的心情

总序

中国古代的科学技术是推动中华文明发展的重要力量，是中华文脉绵延不绝的源泉。其向外传播及与周边国家地区、域外文明的接触、交流和融合，为世界科学技术的发展做出了非常重要的贡献。古人在农、医、天、算以及生物、地理等领域，取得了许多重大科学发现；在技术和工程上，也完成了无数令人惊叹的发明创造；留下了浩如烟海的典籍和数不胜数的文物等珍贵历史文化遗产。

五四运动前后，我国的科技史学科开始兴起，朱文鑫、竺可桢、李俨、钱宝琮、叶企孙、钱临照、张子高、袁翰青、侯仁之、刘仙洲、梁思成、陈桢等在相关学科发展史的研究方面做出了奠基性的工作。从20世纪50年代起，中国逐步建立科技史学科专门研究和教学机构。中国科技史研究者们从业余到专业、从少数人到数百人、从分散研究到有组织建制化活动、从个别学科到科学技术各领域，筚路蓝缕，渐次发展，全方位地担负起中国科学技术史研究的责任。

1957年，中国自然科学史研究室（1975年扩建为中国科学院自然科学史研究所，简称"科学史所"）成立，标志着中国科学技术史学科建制化的开端。此后六十多年，科学史所以任务带学科，组织同行力量，有计划地整理中国自然科学和技术遗产，注重中国古代科技史研究，编撰出版多卷本大型丛书《中国科学技术史》（简称《大书》，26卷，1998—2011年相继出版)、《中国传统工艺全集》(20卷20册，2004—2016年第一、二辑相继出版)和《中国古代工程技术史大系》(2006年开始相继刊印，已出版12卷)等著作。其中，《大书》凝聚了国内百余位作者数十年研究心血，代表着中国古代科技史研究的最高水平。

1978年起，科学史所将研究方向从中国古代科技史扩展至近现代科技史和世界科技史。四十多年来，汇聚同行之力，编撰出版《20世纪科学技术简史》(1985年第一版，1999年修订版)、《中国近现代科学技术史》(1997年)、《中国近现代科学技术史研究丛书》(35种47册，2004—2009年相继出版)和《科技革命与国家现代化研究丛书》(7卷本，2017—2020年出版)等著作，填补了近现代科技史和世界科技史研究一些领域的空白，引领了学科发展的方向。

"十二五"期间，科学史所部署"科技知识的创造与传播研究"一期项目，与同行一道着眼于学科创新，选择不同时期的学科史个案，考察分析跨地区与跨文化的知识传播途径、模式与机制，研究科学概念与理论的创造、技术发明与创新的产生、思维方式与知识的表达、知识的传播与重塑等问题，积累了大量新的资料和其他形式的资源，拓展了研究路径，开拓了国际合作交流的渠道。现已出版的多卷本《科技知识的创造与传播研究丛书》(2018年开始刊印，已出版12卷)，涉及农学知识的起源与传播、医学知识的形成与传播、数学知识的引入与传播和技术知识的起源与传播，以及明清之际西方自然哲学知识在中国的传播等方面的主题。丛书纵向贯穿史前、殷商、宋、明清和民国等不同时段，在空间维度上横跨中国历史上的疆域和沟通东西方的丝绸之路，于中国古代科技的史实考证、工艺复原与学科门类史、近现代科学技术由西方向中国传播及其对中国传统知识和社会文化的冲击等方面获得了更多新认知。

科学史所在"十三五"期间布局"科技知识的创造与传播研究"二期

项目，秉承一期项目的研究宗旨和实践理念，继续以国际比较研究的视野，组织跨学科、跨所的科研攻关队伍，探索古代与近现代科学技术创造和传播的史实及机制。项目产出的成果获得国家出版基金资助，将冠以《科技史新视角研究丛书》书名出版。这套丛书的内容包括物理、天文、航海、植物学、农学、医药、矿冶等主题，着力探讨相关学科领域科技知识的内涵、在世界不同国家地区的发展演变与交互影响，并揭示科技知识与人类社会的相互关系，不仅重视中国经验、中国智慧，也关注国外案例和交流研究。

两期项目的研究成果，从更宽视野、更多视角、更深层次揭示了科技知识创造的方式和动力机制及科技知识创造与传播的主体、发挥的作用和关键影响因素，深化了对中国传统科技体系内涵与演变及中外科技交流的多维度认识。

一百多年来，国内外学者前赴后继，在中国古代科学技术史、近现代科学技术史的发掘、整理和研究上已收获累累硕果，形成了探究中国古代和近现代科技史的宏观叙事架构，回答了古代科技的结构与体系特征、思想方法、发展道路、价值作用与影响等一系列问题，开创了近现代科技史研究的新局面。我国学者也迈出了从中国视角研究世界科技史的坚实步伐。

当下，我国迈上了全面建设社会主义现代化强国、实现第二个百年奋斗目标、以中国式现代化全面推进中华民族伟大复兴的新征程。这种新形势，一方面需要我国科技群体不停向前沿探索、加快前进的脚步，另一方面也亟需科技史研究机构和学者因应时势进一步深入检视科技史，从中总结经验得失，以支撑现实决策，服务未来发展。在中国历史及世界文明发展的大视野中，进一步总结阐述中国科技发展的体系、思想、成就和特点，澄清关于中国古代科学技术似是而非的认识或争议，充分发掘传统科技宝库以为今用，将有助于讲好中国科技发展的故事，回答国家和社会公众的高度关切之问题，推动中华优秀传统文化的创造性转化和创新性发展，提振民族文化自信和创新自信。

"科技史新视角研究丛书"结合微观实证和宏观综合研究，在这承前启后的科技史研究序列中，薪火相传，继往开来。它以新视角带来新认知，在中国古代与近现代科技史实、中外科技交流的研究中，必将更好地发挥以史为鉴的作用。

关晓武

2022 年 1 月

序 言

国际学界对科技史的研究已有三百年以上的历史,而中国学者对科技史的研究则兴起于 20 世纪初的新文化运动时期,到 50 年代开始职业化和建制化,并将工作重心放在认知古代发明创造的传统方面。学科开拓者们主要以现代科学和技术体系为参照,发掘、整理、研究和总结中华科技遗产,认真考证史实,阐释和复原科技成就,解决历史上"有什么""是什么""谁创造的"等诸多学术问题,构建古代科技知识的学科门类史,取得了卓著的研究成果,其主要标志性成果为科学出版社出版的 26 卷本《中国科学技术史》。

20 世纪 50 年代以来,中国学者们将贝尔纳的《历史上的科学》、丹皮尔的《科学史》、库恩的《科学革命的结构》、萨顿的《科学的历史研究》、柯瓦雷的《牛顿研究》、雷恩的《站在巨人与矮子的肩上》、卡捷夫尼科夫的《苏联时期的伟大科学》以及《剑桥科学史》等著作译成中文,它们为促进中国读者了解世界科技发展历程做出了突出的贡献。到 1978 年,中国科学院自然科学史研究所在"科学的春天"里将学术领域扩展到近现代科学技术史。从那时起,国内学者积极创造条件,与国际学界积极交流,尝试研究世界科学史和技术史,编写《20 世纪科学技术简史》《世界物理学史》《贝尔实验室》等论著。

  2010年以来，中国科学院自然科学史研究所（以下简称"研究所"）在发挥中国科技史研究的传统特长的同时，拓展世界科技史研究，部署了"科技知识的创造与传播"和"科技革命与国家现代化"等研究项目，鼓励年轻学者参与研究项目并做出有创意的新工作。一方面，满足国家现代化建设对科技史知识的迫切需求；另一方面，试图突破既有研究范式的局限性，争取在微观考释和宏观叙事等方面有所突破。2016年，研究所启动"科技知识的创造与传播"项目的第二期研究工作，并且将世界科技史研究专题纳入其中。

  显然，目前国内对世界科技史的研究依然十分薄弱，这一领域急需外语基础好、训练有素的专业人才。他们须具备以下条件：①能够熟练运用英语，并且掌握其他必要的外语，如拉丁语、法语、德语、俄语、西班牙语、古希腊语、阿拉伯语等；②能够阅读国际上的外文研究文献和外文原始文献，从而独立研究世界科技史；③能够以外文发表论著，与国际同行进行交流和实质性合作，登上国际学术舞台。

  俄罗斯和苏联在近现代的数学、物理学、化学、航天、航空、核能等领域做出了许多重大发明创造，在世界科技舞台上扮演了不可或缺的角色。俄罗斯和苏联的科技史无疑值得中国学者与读者关注。王芳在中学和大学里学的外语都是俄语，后来在鲍鸥教授指导下，以苏联切尔诺贝利核事故为选题撰写硕士学位论文。在攻读博士学位期间，她专门研究德国V-2火箭技术向苏联的转移，并且得到俄罗斯科学院瓦维洛夫自然科学与技术史研究所所长巴图林（Yuri Baturin）教授的指导。2010年，王芳参加了"科技革命与国家现代化"研究项目，参与撰写《科技革命与俄罗斯（苏联）现代化》一书，逐渐拓宽自己的研究领域，成为一名研究俄罗斯（苏联）科技史的职业学者。

序　言

王芳参与了"科技知识的创造与传播"项目的第二期研究工作，撰写《从模仿到创新——苏联液体弹道火箭技术的发展（1944—1951）》。如今，此书作为"科技史新视角研究丛书"的一册，即将由山东科学技术出版社出版。这部新作从苏联科学家的早期火箭探索讲起，阐述苏联火箭技术在第二次世界大战之后的大发展，尤其是展现苏联如何消化吸收德国 V-2 火箭技术，又怎样通过技术的本土化和创新，在世界导弹和航天技术发展中发挥领先作用。俄罗斯和苏联科技发展的经验对于建设科技强国的中国来说是有启发意义的，对俄罗斯和苏联科技史的研究值得鼓励和扶持。

我们希望有更多的青年学者投身于世界科技史研究，为广大读者奉献新知识，回应中国社会对科技自立自强问题的关切，同时在国际学界扩大中国学术的影响力。

张柏春

2024 年 3 月 12 日

目 录

导　言 ·· 1

第一章　1944 年之前苏联液体火箭技术的发展 ···················· 8

　　第一节　苏联的太空探索文化 ··· 8
　　第二节　气体动力学实验室与喷气运动研究小组 ············ 13
　　第三节　喷气科学研究所的建立 ···································· 28

第二章　苏联对德国火箭技术的争夺（1944—1945） ············ 36

　　第一节　德国 V-2 火箭技术系统概述 ··························· 36
　　第二节　夺取波兰试验场的 V-2 火箭 ··························· 55
　　第三节　争夺德国境内的火箭基地 ································ 67

**第三章　苏联对德国 V-2 火箭的"恢复"与试验发射
　　　　　（1945—1947）** ·· 77

　　第一节　苏联驻德火箭研究机构的形成与整合 ··············· 77
　　第二节　苏德人才队伍的募集与建设 ···························· 89
　　第三节　苏联人对 V-2 火箭技术的成功"恢复" ··········· 106
　　第四节　V-2 火箭在苏联的试验发射 ························· 123

第四章　V-2 的苏联化与苏联本国弹道火箭的研制（1947—1951） ········· 131

- 第一节　苏联火箭技术组织体系的建立 ············· 131
- 第二节　V-2 的苏联化——R-1 火箭的生产 ············· 155
- 第三节　苏联 R-2 火箭的研制与发射 ············· 179

第五章　苏联火箭技术发展的路径与特点（1944—1951） ········· 201

- 第一节　德国火箭技术向苏联转移的阶段与路径 ············· 202
- 第二节　火箭研制的主要角色及其合作关系 ············· 207

附录1 ············· 214

附录2 ············· 216

后记 ············· 222

导　言

技术的发展是人类文明史的重要内容。技术作为人类改变或利用客观环境的手段，既包括人们掌握的工程科学、技能、技巧、意会知识等，又包括物化的产品、仪器、设备、设施等①。在人类历史上，技术通过联姻、贸易、移民、宗教和战争等方式在各地区和国家之间转移，促进各种文明的交融与社会进步。在现代全球化的浪潮中，国际技术转移更加活跃，技术转移的规模和频度都在不断提升。后进国家通过不同的途径获取先进技术，经消化吸收和再创新，实现由后进到领先的转变。

第二次世界大战（以下简称"二战"）中，纳粹德国在液体火箭技术领域取得重大突破，研发出世界上第一种弹道导弹 V-2。战争末期，美苏对 V-2 的争夺和利用引发了火箭技术的跨国技术转移，并对国际竞争产生了深远的影响。出于战争目的，德国军方于 1930 年代开始探索将火箭技术用于发展新式武器。V-2 于 1936 年开始研发，1942 年 10 月 3 日试验发射成功，最大射程 320 km②。1944 年，V-2 被用于轰炸英国和西欧重要的军事目标。这种新式武器虽没能扭转德国的败局，但以射程远、速度快、投射重量大、

---

① 张柏春，姚芳，张久春，等. 苏联技术向中国的转移 1949—1966 [M]. 济南：山东教育出版社，2004：1.

② 以 V-2 的射程，当时已经被称为远程火箭（导弹）。按现今弹道导弹标准，射程小于 500 km 被称为战术弹道导弹，射程 500 km 以上为战略弹道导弹。战略弹道导弹中，500～2 000 km 为近程导弹，2 000～4 000 km 为中程导弹，4 000～8 000 km 为远程导弹，8 000～20 000 km 为洲际导弹。参见：杨炳渊. 航天技术导论 [M]. 北京：中国宇航出版社，2009：210.

从模仿到创新
——苏联液体弹道火箭技术的发展（1944—1951）

拦截困难等优点声名显赫。它拥有的巨大军事潜力和战略价值引起各国的密切关注。战争尚未结束，盟军各部队就派驻自己的小组进入德国，争先恐后地抢夺火箭专家、技术和仪器设备等。德国火箭技术成为许多国家发展导弹和航天事业的重要基础，美国、苏联、法国、英国，甚至中国都从德国火箭技术中获得相当大的收益。

苏联在消化吸收德国火箭技术的基础上，不断改进创新，取得了举世瞩目的成就。由于大清洗运动，苏联火箭技术的发展在 1937 年就被抑制了[1]，到二战时与德国相比已有很大差距。1944 年，苏联在波兰首次接触到 V-2，之后在德国本土与美国争夺 V-2 遗产的竞争中处于下风，但也获得一些导弹零部件、仪器、设备设施、资料和技术专家等。二战后东西方的冷战推动美苏两国在太空领域的激烈竞赛。1946 年 5 月，苏联做出超前的战略决策，集中力量发展弹道导弹技术。以 V-2 为基础，苏联着手研发本国弹道导弹，在技术创新方面不断作为，终于在 1957 年 8 月成功发射世界上第一枚洲际弹道导弹。当年 10 月，苏联又将第一颗人造地球卫星送入太空，开启了人类的航天时代。3 年后，即 1961 年 4 月，苏联宇航员加加林（Ю.А. Гагарин，1934—1968）完成第一次太空飞行，实现了人类千百年来飞天的梦想。从 1957 年直至 1964 年 10 月联盟号（Союз）运载火箭成功将载人飞船发射到地球轨道，苏联在长达 7 年的时间里居于世界火箭技术的领先地位[2]。苏联火箭技术从后进到领先的转变，是一个非常值得关注和探讨的问题。

不论是弹道导弹，还是载人航天，其首要的核心技术是运载工具——火箭。火箭可以装载不同的有效载荷，当携带战斗部时，就成为火箭武器，即导弹；当装载卫星、货运飞船、载人航天器时，就称为运载火箭。二战后，美苏两国在 V-2 导弹基础上研发出多种弹道导弹，从近中程导弹到洲际弹道导弹，并利用洲际导弹改装成运载火箭为航天服务。因此，军用的弹道导

---

[1] Черток Б Е. Ракеты и люди. От самолетов до ракет [M]. Москва: Издательство РТСофт, 2010: 24.（切尔托克. 火箭与人 1：从飞机到火箭）

[2] Под ред. Батурина Ю М. Советская космическая инициатива в Государственных документах 1946—1964гг. [M]. Москва: Издательство РТСофт, 2008: 6.（巴图林. 苏联航天的创始 1946—1964 年国家档案）

弹为航天发展奠定了技术基础。在这段时期，运载工具的技术水平几乎是最重要的因素，这是苏联先于美国跨入航天时代的一个重要原因①。本书主要是考察火箭作为一种运载工具的技术，较少关注其弹头部分，因此本书仍将V-2、R-1、R-2等导弹称作"火箭"②。

在回顾苏联1944年之前液体火箭技术发展的基础上，本书选择以1944—1951年苏联的火箭技术发展为主要研究对象，以"苏联继承德国火箭遗产"为中心，考察苏联如何争夺并消化吸收德国火箭技术，做出改进创新，从而为后来的技术领先奠定坚实的基础。在这8年的主要研究时段中，苏联从最初接触到德国V-2，经历了V-2技术"恢复"③，实现V-2国产化（即苏联本国第一种弹道火箭R-1），研制本国射程600 km的R-2，以及设计射程3 000 km的R-3，直到与德国火箭遗产告别。可见，苏联继承德国火箭遗产的历程是一个较为完整且非常重要的技术转移过程，其中还有部分创新。本书正是深化这一专题研究的一个尝试。

近年来，俄罗斯学者所做的一项重要工作是将陆续解密的档案资料整理出版，这些珍贵的一手文献深受各国的苏联航天史研究者欢迎。不过，仍有部分20世纪40—50年代苏联火箭技术的档案处在保密期。伊夫金和苏希娜主编的《国家特别重要性任务：战略导弹核武器和导弹部队创建史（1945—1959）》④，收录了苏共中央委员会、部长会议和各部委机构的决议、文件和汇报等，反映了弹道火箭技术建立与发展的历程。巴图林主编的《苏联航天的创始：1946—1964年国家档案》⑤，收纳了苏联自创建本国火箭武器研制体

---

① 李成智. 通向宇宙之路：跨世纪的航天技术 [M]. 武汉：湖北教育出版社，1997: 127.

② 事实上，起初德国人和苏联人都未将加了弹头的火箭称为"导弹"。在俄文中，"导弹"和"火箭"是同一个词——ракета.

③ "恢复"是俄文词 восстановление 的汉译。восстановление 有"恢复、修复、还原、重建"之意。

④ Ивкин В И, Сухина Г А. Задача особой государственной важности. Из истории создания ракетно-ядерного оружия и Ракетных войск стратегического назначения（1945—1959 гг）[M]. Москва: РОССПЭН, 2010:1207.

⑤ Под ред. Батурина Ю М. Советская космическая инициатива в государственных документах 1946—1964гг.[M]. Москва: Издательство РТСофт, 2008: 415.

从模仿到创新

——苏联液体弹道火箭技术的发展（1944—1951）

系，至1964年有关苏联航天发展的档案资料，内容侧重载人飞行的历史。

中文档案资料有沈志华主编的《苏联历史档案选编》①，收录了1946年5月13日苏联发展火箭武器的纲领性文件——部长会议《喷气武器问题》决议②，还有一些与火箭技术相关的文件，可以扩展对其发展历史和重要人物的认识。克尔迪什主编的《科罗廖夫文集》③，包括1932—1966年科罗廖夫所做研究的设计资料和报告，以及演说、书信和自传等，但书中没有与德国火箭技术相关的资料，战后苏联首批弹道火箭的研制资料也较少。

俄罗斯国家科学技术文献档案馆④和俄罗斯科学院档案馆⑤提供了与苏联火箭技术发展有关的较为丰富的照片和图片。德国佩内明德历史技术博物馆⑥是1991年5月在佩内明德火箭研究中心所剩建筑和发电厂基础上建成的，保存了V-2火箭相关的零部件、设备设施，呈现了德国研制火箭的场景。德国库默斯多夫博物馆⑦依托于柏林郊区原炮兵靶场而建，这里曾是V-2最早的试验场，保存了当时的试车台等设施，展现了德国火箭技术早期研制和试验的历史。

火箭技术领域有许多回忆录作品，这些著作刻画了某些重要历史事件的细节，其作者多是火箭事业的重要参与者或其家人。切尔托克⑧所著《火箭

---

① 沈志华. 苏联历史档案选编 [M]. 北京：社会科学文献出版社，2002.
② 苏联部长会议关于火箭武器问题的决定 [A]. 沈志华. 苏联历史档案选编. 北京：社会科学文献出版社，2002. 第28卷：2-8.
③ [苏]克尔迪什. 苏联科学院院士、火箭、飞船总设计师科罗廖夫文集 [M]. 岳祝帧等译，李国芬等校. 北京：宇航出版社，1992：470.
④ 俄罗斯国家科学技术文献档案馆（РГАНТД）：http://rgantd.ru/novosti/rasshirennoe-zasedanie-nauchno-tekhnicheskogo-soveta-rgantd.shtml.
⑤ 俄罗斯科学院档案馆（ИСАРАН）：https://isaran.ru/?q=ru/welcome.
⑥ 佩内明德历史技术博物馆（Historisch-Technisches Museum Peenemünde）：https://museum-peenemuende.de.
⑦ 库默斯多夫博物馆（Museum Kummersdorf）：https://www.militaermuseum-kummersdorf.de/führungen.
⑧ 切尔托克（Б.Е. Черток, 1912—2011）：技术科学博士，俄罗斯航天泰斗之一，著名火箭系统专家，自动控制系统和仪表系统专家，苏联科学院、俄罗斯科学院和国际航天学院的院士，俄罗斯齐奥尔科夫斯基航天学科学院成员。他自1945年4月起赴德国调查火箭技术，任苏联驻德火箭技术研究机构——拉贝研究所（RABE）所长，1946—1966年担任苏联航天火箭总设计师科罗廖夫的助手。

与人》①四卷本回忆录，从20世纪20年代自己在航空工厂的工作开始回忆，一直讲到20世纪70—80年代美苏火箭和航天技术的发展。该书被俄罗斯学者誉为"苏联/俄罗斯航天火箭技术历史的回忆录"，是国际学者研究苏联/俄罗斯航天史的重要参考文献之一。切尔托克将书中有关德国火箭遗产与苏联的关系发表为文章《德国人在苏联的影响》②。科罗廖娃③著有《科罗廖夫：父亲——百年诞辰纪念》④三卷本回忆录，记述了科罗廖夫的成长、学习和工作经历，是研究科罗廖夫不可或缺的文献资料，从中也可以看到苏联火箭技术发展的大致面貌。耶维奇《关于火箭专家的书》⑤，收录了秋林⑥被派驻德国寻找V-2，以及后来在本国参与火箭研制的回忆。德国人阿尔布林⑦著有《戈罗多姆利亚岛：德国火箭研究者在俄罗斯》⑧，讲述了自己自愿来到德国苏占区工作的原因和过程，以及被转移到苏联后工作和生活的情况。

国外研究论著十分关注德国火箭技术向苏联转移的过程，以及对苏联火箭技术的影响。德国学者乌尔著有《斯大林的V-2：德国可控武器技术向苏联的技术转移与苏联火箭制造业的建立1945—1959》⑨，探讨了V-2作为一种"军事武器"从德国向苏联的转移，强调这次转移对苏联军事战略的影响，指出苏联成功的关键，与其说是德国工程师的帮助，不如说更多是苏

---

① Черток Б Е. Ракеты и люди. В 4-х книгах. [M]. Москва: Издательство РТСофт, 2010.

② Chertok B. German influence in USSR [J]. Acta Astronautica, 2004（55）: 735-740.

③ 科罗廖娃（Н.С. Королёва, 1935—2023）：医学科学博士，外科医生和教授，苏联航天系统总设计师科罗廖夫的女儿。

④ Королёва Н С. С. П. Королёв: Отец: К 100-летию со дня рождения [M]. В 3 кн. Москва: Издательство Наука, 2007.

⑤ Евич А Ф. Книга о ракетчике [M]. Москва: Издательство ГРАНАТ, 2004.

⑥ 秋林（Г.А. Тюлин, 1914—1990）：技术科学博士，工程技术勤务中将，苏联航天火箭领域著名专家。1945年领导驻德火箭技术委员会的工作，1947年后参与到本国火箭制造业中。

⑦ 阿尔布林（W. Albring, 1914—2007）：空气动力学专家，1946年来到苏占区工作的德国专家之一，1952年夏回到民主德国。

⑧ Albring W. Gorodomlia. Deutsche Raketenforscher in Russland [M]. Muenchen: Luchterhand Literaturverlag, 1991. 俄文版为 Альбринг В. Городомля немецкие исследователи ракет в России [M]. Санкт-Петербург Европейский дом, 2005.

⑨ Matthias Uhl. Stalins V-2: Der Technologietransfer der deutschen Fernlenkwaffentechnik in die UdSSR und der Aufbau der sowjetischen Raketenindustrie 1945 bis 1959 [M]. Bonn: Bernard & Graefe-Verlag, 2001.

从模仿到创新
——苏联液体弹道火箭技术的发展（1944—1951）

联领导层对这种武器的绝对信念。印裔美国学者西第奇在苏联航天史方面有一系列论著，如《人造地球卫星与苏联的空间挑战》[1]《俄罗斯人在德国：创办战后导弹计划》[2]《德国人在俄罗斯：冷战、技术转移与国家认同》[3] 等。作者阐述了苏联争得并掌握 V-2 技术的过程，侧重政府各部委对新型火箭技术的态度和工作组织，较少探究具体技术。他还考察了来到苏联的德国人的数量、专业背景和境遇等。

不少论著选取火箭技术的某个领域，或时期，或型号，或人物，入手研究战后苏联弹道火箭的发展。叶尔绍夫著有《我国军事航天活动的建立与发展：1940 年代后半期—1970 年代前半期》[4]，对部队火箭人才的形成和培养做了较为详细的分析。一些文章，如坎捷米洛夫的《1944 年苏联在波兰对德国火箭试验场的首次考察》[5]、普利兹比斯基的《德国人与苏联火箭发动机的发展》[6]、拉赫马宁的《我国火箭制造历史中的"德国痕迹"》[7]和格拉德基的《我国首枚 R-2 火箭的研制历史》[8]，都从不同侧面论述了 20 世纪 40—50 年代苏联火箭技术的发展。苏联火箭技术领域重要人物的传记作品，如戈洛瓦诺夫的《科罗廖夫：事实与神话》[9]，卡丘尔和格鲁什科[10]的《瓦连京·格鲁

---

[1] Siddiqi A A. Sputnik and the soviet space challenge [M]. Gainesville: University Press of Florida, 2003.

[2] Siddiqi A A. Russians in Germany Founding the Post-war Missile Programme [J]. Europe-Asia Studies, 2004（8）：1131-1156.

[3] Siddiqi A A. Germans in Russia: Cold War, Technology Transfer, and National Identity [J]. History of Science Society, 2009（24）：120-143.

[4] Ершов Н.D. Становление и развитие отечественной военно-космической деятельности（вторая половина 1940-х—первая половина 1970-х годов）[M]. Санкт-Петербург: Полторак, 2010.

[5] Кантемиров Б Н. Первая советская экспедиция на немецкий ракетный полигон в Польше（1944 г.）[A]. ИИЕТ РАН. Юбилейная научная конференция, посвященная 65-летию победы в великой отечественной войне. Москва, 2011:138-145.

[6] Przybilski O H. The Germans and the Development of Rocket Engines in the USSR [J]. Journal of the British Interplanetary Society, 2002（55）：404-427.

[7] Рахманин В. О немецком следе в истории отечественного ракетостроения [J]. Двигатель, 2005（2）：23-51.

[8] Гладкий В Ф. У истоков или как создавали первую отечественную ракету Р-2 [J]. Авиация и космонавтика, 2003（9）：17-22.

[9] Голованов Я.К. Королёв: факты и мифы [M]. Том 1.2-е изд. М: Фонд Русские Витязи, 2007.

[10] 苏联火箭发动机和航天系统总设计师格鲁什科之子。

什科——火箭发动机和航天系统总设计师》①，也反映了苏联火箭技术以及液体火箭发动机的发展历史。

中文论著关注到战后德国火箭技术转移这一问题，但由于资料所限在这一领域的研究较少。顾诵芬、史超礼主编的《世界航天发展史》②，以及李成智的《通向宇宙之路——跨世纪的航天技术》③和《阿波罗登月计划研究》④，代表了目前国内学术界研究苏联航天史的主要成果。这些著作大致勾勒出苏联火箭技术的发展历程，抓住了重要的历史事件和技术节点。国内论著多成书于2000年前后，当时俄文档案集远未整理出版而外文研究著作尚少。中文研究成果虽不够完整，但工作十分不易，它将苏联航天史展现给国内的广大读者。

尽管已有上述研究成果，但是关于德国火箭技术向苏联的转移仍有进一步澄清和阐释的空间。目前学术界在这一领域的成果，俄文资料主要集中在一手档案资料和回忆录的出版，俄罗斯人对自己国家弹道火箭技术来源的研究刚刚展开。德文和英文论著利用档案等资料，较为系统地分析了德国火箭技术向苏联转移的内容，以及在此基础上苏联本国火箭武器的研制。然而他们在以下几方面的研究尚不够深入：一是，现有论著就苏联人驻德火箭技术工作的阐述较为充分，对苏联本土火箭武器研制初期情况的了解却较为薄弱；二是，苏联火箭人才的成长问题尚缺乏专门深入的研究；三是，近期解密出版的俄文档案资料尚未得到充分的利用。本书主要依据近年整理出版的俄文档案资料和苏德专家回忆录，辅之以其他研究文献，以火箭型号为核心，重点关注主要的产品、专家、机构、组织系统等。总之，各国学者的成果为笔者的研究提供了较好的研究基础，也留下了深化研究的空间。

---

① Качур П И, Глушко А В. Валентин Глушко. Конструктор ракетных двигателей и космических систем［M］. СПб.: Политехника, 2008.
② 顾诵芬, 史超礼. 世界航天发展史［M］. 郑州: 河南科学技术出版社, 2000.
③ 李成智. 通向宇宙之路: 跨世纪的航天技术［M］. 武汉: 湖北教育出版社, 1997.
④ 李成智, 李建华. 阿波罗登月计划研究［M］. 北京: 北京航空航天大学出版社, 2010.

第一章

1944 年之前苏联液体火箭技术的发展

20 世纪 20—30 年代世界许多国家都出现了一批火箭协会和研究组织，在从 20 世纪初航天基本理论建立到 40 年代德国液体火箭的技术高峰之间，他们成了一个极为重要的承上启下的环节①。这些组织在初期很少或几乎没有官方的资助和支持，他们在极端困难的条件下进行火箭研制和航天理论的发展。不同的是，在苏联，这些组织的重要成员都成为其后世火箭技术的领军人物；他们带来的影响和激励，远比同时期德国和美国火箭组织成员的作用，更为深远巨大②。

第一节　苏联的太空探索文化

苏联在火箭和太空飞行领域的探索历史悠久，有着深厚的文化积淀和理论基础，涌现出一批有卓越成就的先驱者，是世界舞台上的一支活跃力量。苏联的齐奥尔科夫斯基（К.Э. Циолковский，1857—1935）、法国的埃斯诺-贝尔特利（R. Esnault-Peltrie，1881—1957）、美国的戈达德（R.H. Goddard，1882—1945），以及德国的奥伯特（H. Oberth，1894—1989），是 20 世纪初

---

① 李成智. 通向宇宙之路：跨世纪的航天技术 [M]. 武汉：湖北教育出版社，1997：18.
② Siddiqi A A. Sputnik and the soviet space challenge [M]. Gainesville:University Press of Florida, 2003: 3.

具有代表性的航天先驱者,他们建立起比较完善而系统的火箭运动和太空飞行基本理论。

齐奥尔科夫斯基在青少年时期受凡尔纳科学幻想小说的影响,开始对飞行和星际航行问题感兴趣,并顽强地自学与此相关的大量科学知识。他自19世纪末开始撰写一系列文章,阐述自己对火箭研究和太空探索的复杂设想,并以数学分析来论证。其中的经典之作是1898年完成的《利用喷气工具研究宇宙空间》[①](图1-1),但这篇文章直到1903年才在圣彼得堡的《科学评论》杂志上发表。在这些文章中,齐奥尔科夫斯基明确提出液体火箭是实现星际航行的理想工具,并推导出火箭运动的基本方程(即"齐奥尔科夫斯基公式")和火箭在重力场中的运动方程,奠定了火箭运动理论;指出一系列重要的火箭设计工程方案,如液体火箭发动机的基本理论,燃料的选择,等等;并论述星际航行的组织以及发展前景等问题。

 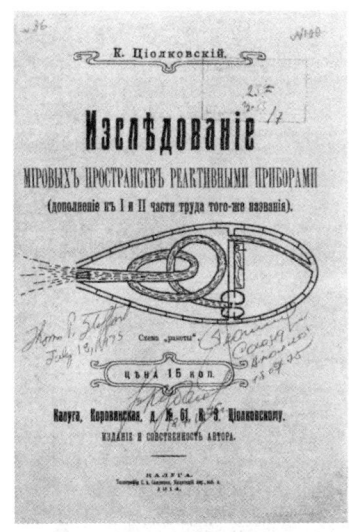

图1-1　齐奥尔科夫斯基(1930年代)及其著作[②]

---

① К.Э. Циолковский. Исследование мировых пространств реактивными приборами [J]. СПб.: Научное обозрение. 1903(5).

② Сост.: Н.В. Дыбала. Миссия Космос:история покорения человеком Вселенной(太空使命:人类征服宇宙的历史)[M]. Эксмо, 2011: 10, 16.

从模仿到创新
—— 苏联液体弹道火箭技术的发展（1944—1951）

齐奥尔科夫斯基的思想很快引起了一些科学人士的兴趣，科学作家佩雷尔曼（Я.И. Перельман，1882—1942）以他的理论为基础，改写成通俗的太空飞行科幻小说《星际旅行》（Межпланетных путешествий），为扩大齐奥尔科夫斯基理论的影响力发挥了重要作用。日地关系科学家奇热夫斯基（А.Л. Чижевский，1897—1964）也大力宣传齐奥尔科夫斯基的思想，并帮助他将论著翻译成德文发表。十月革命之后，齐奥尔科夫斯基的工作更是得到了苏联政府的鼓励，随着世界范围内太空探索热潮的兴起，30年代他的声望迅速增长，影响和激励了很多人。

灿德尔（Ф.А. Цандер，1887—1933，图1-2）是齐奥尔科夫斯基思想的追随者之一。他不仅继续推动了对太空理论的探索和工程问题的实际解决，更重要的是他在20世纪20年代后期奔走于苏联各地，四处讲演宣传太空飞行，呼吁发展火箭事业，这或许可以说是他做出的影响最为深远的贡献。孔德拉丘克（Ю.В. Кондратюк，1897—1942，图1-3）于1929年完成

图1-2　灿德尔（1913年）[①]

图1-3　孔德拉丘克（1930年代）[②]

[①] Цандер Фридрих Артурович. 1913 г.［A］. РГАНТД. Ф. 311. Оп. 4. Д. 57. https://rgantd.ru/new/pamyatnye-daty/vpered-na-mars-k-135-letiyu-f-a-tsandera/?sphrase_id=58815.

[②] Ю.В. Кондратюк［DB/OL］.http://sm.evg-rumjantsev.ru/desingers/kondratyuk-yurij-vasilievich.htm.

《征服星际空间》(Завоевание межпланетных пространств) 一书，在不知道齐奥尔科夫斯基的情况下，得出了许多与其类似的结论，并且把太空飞行扩大到新的范围，探讨了在太阳系中的飞行条件以及建造太空站等问题。他最重要的贡献之一便是提出通过两个独立的航天器（即月球轨道的发射器和月球表面的着陆器）来实现登月的构想，这与1969年美国阿波罗登月时采用的方法不谋而合。

在这些太空先驱者的影响下，20世纪20—30年代苏联出现了各种热衷于研究太空飞行的小组和社团，但这些组织常常在设计和试验中遇到困难，并且缺乏生产基地和足够的资金支持，因此研究计划往往无法落实，都只是短暂存在。其中最重要、影响力最大的是，1924年4月在灿德尔积极倡导和参与下成立的星际交通研究协会①。这个协会存在了1年左右的时间，约有200名会员，大部分年龄在20~30岁之间；就职业而言，学生和工人占80%，自称是"科学工作者""作家"或"科学家和发明者"的人是少数②。与理论探索工作相比，协会更突出的活动是在苏联各地公开演讲，组织展览，出版图书，宣传太空探索思想和理论（图1-4）。在太空热最流行的

图1-4 星际航行讲座的海报③

---

① 1924年成立于莫斯科，命名为星际通讯组（Секция межпланетных сообщений），附属于军事科学学会空军学院（Военно-научное общество Академии Воздушного Флота，现为茹科夫斯基空军工程学院（Военно-воздушная инженерная академия им. Н.Е. Жуковского）。同年，改名为星际交通协会（Общество изучения межпланетных сообщений，缩写为ОИМС，由克拉马罗夫（Г.М. Крамаров）任主席。详见：В.П. Глушко. Развитие ракетостроения и космонавтики в СССР [DB/OL]. Москва:1973. http://leftinmsu.narod.ru/library_files/books/Glushko_files/Glushko.htm.

② Siddiqi A A. Imagining the cosmos:utopians, mystics, and the popular culture of spaceflight in revolutionary Russia [A]//Michael G, Karl H, Alexei K. Intelligentsia science:the Russian century, 1860—1960. Chicago: University of Chicago Press Journals, 2008:270.

③ Афиша о проведении диспута "полет на другие миры" 1924 г. [A]. РГАНТД. http://vystavki.rgantd.ru/korolev/pics/006_005.jpg.

从模仿到创新
——苏联液体弹道火箭技术的发展（1944—1951）

1923—1932年期间，苏联出版的太空探索文章近250篇，图书超过20部。相比而言，美国在这一时期仅出现了两部非小说类专著，只有同样拥有太空研究协会的德国的媒体关注度可与苏联相媲美①。

太空探索的热潮还表现在展览、绘画、电影以及其他流行文化中，滋生了苏联社会广泛而巨大的兴趣。1927年4—6月，莫斯科发明家和创新者协会②在马雅可夫斯基广场举办了世界上第一个星际飞行仪器国际展览（图1-5），主要是制造并展出当时苏联和国外理论家构思的火箭和太空飞船的模型，并向太空爱好者提供丰富的信息。尽管展览并没有引起国家部门的重视，但它在公众中取得了很大的成功，短短两个月内有10 000—12 000人前来参观④。托尔斯泰（А.Н. Толстой）的小说《艾丽塔》（Аэлита）和普罗塔扎罗

图1-5　星际飞行仪器国际展览上灿德尔的展位③

夫（Я.А. Протазанов）的同名电影，马列维奇（К.С. Малевич）的至上主义绘画作品，以及非官方的由年轻工程师和艺术家组成的艺术团体阿玛拉维拉（Амаравелла）的作品等，都突出表现了艺术家们对太空飞行在未来一定会实现的信念。

---

① Siddiqi A A. Imagining the cosmos:utopians, mystics, and the popular culture of spaceflight in revolutionary Russia［A］//Michael G, Karl H, Alexei K. Intelligentsia science:the Russian century, 1860—1960. Chicago: University of Chicago Press Journals, 2008: 272.

② 莫斯科发明家和创新者协会 Ассоциация инвентистов-изобретателей, 缩写为 АИИЗ.

③ Уголок Цандера на первой мировой выставке межпланетных аппаратов и механизмов в Москве в 1927 г.［DB/OL］. https://itnan.ru/post.php?c=2&p=292197.

④ Siddiqi A A. Imagining the cosmos:utopians, mystics, and the popular culture of spaceflight in revolutionary Russia［A］// Michael G, Karl H, Alexei K. Intelligentsia science:the Russian century, 1860—1960. Chicago: University of Chicago Press Journals, 2008: 277.

多种形式的宣传和介绍，使得火箭研究和太空探索在大众眼中不再陌生，更激励了苏联新一代的工程师。这些年轻的工程师自发建立起一些新的火箭研究组织，开始在液体火箭设计与制造领域崭露头角。最著名的是1928年6月在列宁格勒成立的气体动力学实验室（GDL[①]）和1931年秋在莫斯科创建的喷气运动研究小组（GIRD[②]）。它们是最早得到苏联政府财政支持的火箭研究组织。1933年秋这两个组织合并组建了喷气科学研究所（RNII[③]）。对苏联后世火箭技术发展产生重大影响的设计师们，大多是这些组织的创建者或是重要参与者。

第二节　气体动力学实验室与喷气运动研究小组

气体动力学实验室的创建源于苏联化学工程师季霍米罗夫（Н.И. Тихомиров，1859—1930）在火箭技术领域的探索。1884—1897年，他利用小型固体燃料火箭模型在莫斯科郊区进行了一系列试验；1912年向军方介绍了固体燃料火箭项目。这些工作得到了时任莫斯科军事工业委员会发明室主任、莫斯科大学力学系教授茹科夫斯基[④]（Н.Е. Жуковский）的赞赏，并获得了发明专利。经过季霍米罗夫自己的积极争取和大量专家的鉴定，他的工作被认为对国家有重要意义。1921年3月1日，政府建立了季霍米罗夫发明开发实验室（Лаборатория для разработки изобретений Н.И. Тихомирова），由国家经费支持，主要从事无烟火药和固体火箭研究。1928年，实验室搬到了列宁格勒，被命名为气体动力学实验室，先后隶属于苏联革命军事委员会（Реввоенсовет）、炮兵科学研究院（АНИИ）和红军装备技术管理局（ВТУ），开始研发不同口径的固体火箭弹。

1929年，气体动力学实验室建立第2分部，开始组织研究电火箭发动

[①] GDL, 俄文为 ГДЛ, Газодинамическая лаборатория.
[②] GIRD, 俄文为 ГИРД, Группа изучения реактивного движения.
[③] RNII, 俄文为 РНИИ, Реактивный научно-исследовательский институт.
[④] 他后来成为苏联流体动力学和空气动力学的创始人。

从模仿到创新
——苏联液体弹道火箭技术的发展（1944—1951）

机和液体火箭发动机，这项工作由当时23岁的工程师格鲁什科（В.П. Глушко，图1-6）领导，标志着苏联半官方的液体火箭研究活动的开始。实验室具有的军事色彩，一方面使其工作得到了资金上的保障，另一方面也将研究纳入了严格保密范围。

在格鲁什科的领导下，第2分部利用太阳能的研究，通过理论和实验证明电火箭发动机的性能，于1933年研制出世界上第一台电热火箭发动机；更为重要的是，开始研究液体火箭发动机所需的各项技术，进展迅

图1-6　格鲁什科（1930年代）[①]

速。1930—1931年期间，该分部研制出苏联第一批液体火箭发动机：OPM、OPM-1（图1-7）和OPM-2，使用液氧和汽油或四氧化二氮和甲苯做燃料，并进行了47次发动机点火试验，推力为20 kg[②]。1931—1932年开发了从OPM-4至OPM-22发动机用于基础试验、点火问题等研究，这其中探索了多种燃料组合，被作为氧化剂的有液态氧、四氧化二氮、硝酸和硝酸四氧化二氮，被作为燃料的有铍、汽油、苯、甲苯和煤油。1933年，又制造了OPM-23至OPM-52发动机，采用硝酸和煤油做燃料，经过多次调试和耐用性试验，攻克了发动机可靠性方面遇到的困难。OPM-52推力达到300~320 kg，工作时间为533 s，是当时功率最大的液体火箭发动机[③]。依托这些发动机，第2分部研制出不可控和可控的试验性液体火箭RLA（РЛА）

---

① Глушко В П-ведущий специалист в РНИИ по разработке жидкостных двигателей[A]. РГАНТД. http://vystavki.rgantd.ru/korolev/pics/007_027.jpg.

② Глушко В П. Развитие ракетостроения и космонавтики в СССР[DB/OL]. http://leftinmsu.narod.ru/library_files/books/Glushko_files/Glushko.htm.

③ Глушко В П. Развитие ракетостроения и космонавтики в СССР[DB/OL]. http://leftinmsu.narod.ru/library_files/books/Glushko_files/Glushko.htm.

系列。RLA-100 垂直起飞高度可达 100 km，有效载荷 20 kg。对此，时任苏联革命军事委员会主席、红军军备部长的图哈切夫斯基（图 1-8）在致苏联红军军事技术科学院院长的信中指出："近期在气体动力学实验室成功研制出的液体喷气发动机，有特别重要的前景。"①

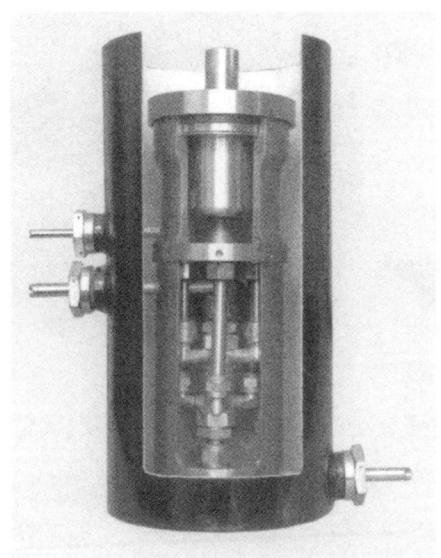 

图 1-7　液体火箭发动机 OPM-1②　　图 1-8　图哈切夫斯基（1930 年代）③

1931 年 9 月，由灿德尔发起在莫斯科成立了喷气运动研究小组，早期成员包括科罗廖夫（时年 24 岁）、吉洪拉沃夫（М.К. Тихонравов，时

---

① 原文为："Особо важные перспективы связываются с опытами ГДЛ над жидкостными реактивными моторами, которые в последнее время удалось сконструировать в лаборатории". 引自 Ю.М. Батурин, ИИЕТ им. С.И. Вавилова.Вихревая динамика развития науки и техники. Россия / СССР. Первая половина XX века. Том II: Экстремальный режим развития науки и техники [M]. ИИЕТ РАН, Саратов, ООО Амирит, 2018. 137-138.

② Королева Н С. С. П. Королев: отец: к 100-летию со дня рождения:1907—1938 годы [M]. Москва:Издате-льство Наука, 2007: 257.

③ М.Н. Тухачевский, создатель РНИИ [A]. РГАНТД. Ф.211. Оп.14. Д 121. https:// rgantd.ru/news/pamyatnye-daty/k-90-letiyu-sozdaniya-reaktivnogo-nauchno-issledovatelskogo-instituta-/?sphrase_id=59336.

从模仿到创新
——苏联液体弹道火箭技术的发展（1944—1951）

年 31 岁）和波别多诺斯采夫（Ю.А. Победоносцев，时年 24 岁，图 1-9）等。研究小组最初的工作完全是民间的，缺乏生产设施、必要的材料、工具和仪器。成员们不仅没有什么收入，还常常需要自行出资开展感兴趣的火箭研究和太空探索实验。灿德尔和科罗廖夫深感获得国家支持的重要性，四处奔走，在图哈切夫斯基的帮助下，1931 年 11 月 18 日研究小组与苏联国防及航空化学建设促进会[②]签订协议，成为隶属于该协会的社会组织，开始得到有限的活动经费。1932 年 5 月 1 日起科罗廖夫代替身体有恙的灿德

图 1-9 波别多诺斯采夫
（1930 年代）[①]

尔出任喷气运动研究小组领导者，同时研究小组还得到了红军军事发明管理局（УВИ）的一些资助。

1933 年开始，喷气运动研究小组拥有了位于莫斯科萨多瓦 - 斯帕斯卡亚街（ул.Садово-спасская）19 号房屋的地下室用于开展研究，并可以使用莫斯科郊区的纳哈比诺（Нахабино）试验场。研究小组的主要活动包括：各种类型的喷气发动机和火箭飞机原型的研制、测试和试验；火箭技术领域的科学和技术宣传；火箭技术专家的培训；管理和协调国防及航空化学建设促进会内的有关火箭技术活动的组织。此外，莫斯科的喷气运动研究小组逐渐成为苏联各地创办的喷气运动研究小组的中心，承担着组织协调职能。莫斯科喷气运动研究小组成立了 4 个分组开展工作：第一组由灿德尔领导，主要研究液体火箭助推器；第二组由吉洪拉沃夫领导，也致力于该领域的研究；

---

① Ю.А. Победоносцев. РНИИ［А］. РГАНТД. Ф.107. Оп.3. Д20. https://rgantd.ru/arh-docs/cosmos/iz-historii-gruppy-izucheniya-reaktivnogo-dvizheniya/.

② 苏联国防及航空化学建设促进会（Осоавиахим）是一个政府机构，专门赞助苏联青年在滑翔运动、赛车、热气球和滑翔机建造等方面的业余的和准军事的活动。

第三组由波别多诺斯采夫领导，开发冲压火箭发动机和空气动力试验设备；第四组由科罗廖夫领导，研制有翼火箭和火箭飞机①。1932—1933年共有104人在喷气运动研究小组工作过，具体人员名单如表1-1所示。

表1-1　　　　喷气运动研究小组工作人员名单（1932—1933年）②

组别	序号	姓名	性别	出生年	入职时间	入职年龄/岁	职位
第1组	1	灿德尔（Ф.А. Цандер）	男	1887	1932	45	组长
	2	科尔涅耶夫（Л.К. Корнеев）	男	1895	1932	37	主任工程师，1933年4月起任组长
	3	波利亚尔内（А.И. Полярный）	男	1904	1932	28	主任工程师
	4	格里亚兹诺夫（А.И. Грязнов）	男	1904	1933	29	工程师
	5	杜什金（Л.С. Душкин）	男	1910	1932	22	工程师
	6	萨利科夫（А.В. Саликов）	男	1903	1932	29	工程师
	7	韦威尔（Н.М. Вевер）	女	1907	1932	25	设计师
	8	科尔巴辛娜（Л.Н. Колбасина）	女	1907	1932	25	设计师

① 科罗廖夫给出的定义是：所谓有翼火箭，是靠发动机直接喷射前进并有气动面能在飞行时产生升力的飞行器。在那个年代，有翼火箭常被称为空气鱼雷或空中鱼雷。现在这种结构的武器被叫作飞航式导弹。巡航导弹是飞航式导弹的一种。火箭飞机是有翼滑翔火箭。[苏]克尔迪什主编. 苏联科学院院士、火箭、飞船总设计师科罗廖夫文集[M]. 岳祝帧等译，李国芬等校. 北京：宇航出版社，1992: 74.

② 整理自 А.П. Александров. ГИРД, Группа Изучения Реактивного Движения [M]. М.: Машиностроение-Полет, 2020: 142-147. 名单中第1组的灿德尔因病于1933年3月28日去世，第3组的基先科、梁赞金和第4组的皮沃瓦罗夫后来在二战苏联卫国战争（1941—1945）中去世。

从模仿到创新
——苏联液体弹道火箭技术的发展（1944—1951）

（续表）

组别	序号	姓名	性别	出生年	入职时间	入职年龄/岁	职位
第1组	9	莫什金 (Е.К. Мошкин)	男	1912	1932	20	设计师
	10	波德利帕耶夫 (А.И. Подлипаев)	男	1900	1932	32	设计师
	11	斯米尔诺夫 (С.С. Смирнов)	男	1904	1932	28	设计师
	12	拉夫罗娃/ 库尔古佐娃① (А.В. Лаврова/ Кургузова)	女	1907	1932	25	制图设计师
	13	科丘耶夫 (А.Д. Кочуев)	男	—	—	—	设计师
	14	霍万斯基 (Н.И. Хованский)	男	1910	—	—	工程师
第2组	1	吉洪拉沃夫 (М.К. Тихонравов)	男	1900	1932	32	组长
	2	叶夫列莫夫 (Н.И. Ефремов)	男	1906	1932	26	主任工程师
	3	戈雷舍夫 (Я.А. Голышев)	男	1907	1932	25	工程师
	4	祖耶夫 (В.С. Зуев)	男	1907	1933	26	工程师
	5	费杜洛夫 (В.А. Федулов)	男	1906	1932	26	工程师
	6	雅凯蒂斯 (Ф.Л. Якайтис)	男	1907	1933	26	工程师
	7	加尔科夫斯基 (В.Н. Галковский)	男	1911	1932	21	设计师

① 表中这样的标注为同一人，系苏联女子因改嫁后姓氏改变。

（续表）

组别	序号	姓名	性别	出生年	入职时间	入职年龄/岁	职位
第2组	8	科鲁格洛娃 (З.И. Круглова)	女	1905	1932	27	设计师
	9	巴洛维娜 (О.К. Паровина)	女	1908	1932	24	设计师,吉洪拉沃夫的妻子
	10	舒尔吉娜 (Н.И. Шульгина)	女	1910	1932	22	设计师
	11	安德烈耶夫 (В.А. Андреев)	男	1909	1932	23	制图设计师
	12	斯涅吉廖娃/ 安德烈耶娃 (Е.И. Снегирева / Андреева)	女	1910	1932	22	制图设计师
	13	纳杰因斯卡雅 (Н. Надеинская)	女	—	—	—	设计师
	14	乌斯季诺娃 (Е. Устинова)	女	—	—	—	设计师
	15	梅尔库罗夫 (И.А. Меркулов)	男	1913	1932	19	工程师
第3组	1	波别多诺斯采夫 (Ю.А. Победоносцев)	男	1907	1932	25	组长
	2	伊万诺夫 (Г.И. Иванов)	男	1904	1932	28	工程师
	3	基先科 (М.С. Кисенко)	男	1906	1933	27	工程师
	4	利西奇金 (В.Е. Лисичкин)	男	1904	1933	29	工程师
	5	季莫费耶夫 (В.А. Тимофеев)	男	1905	1933	28	工程师

从模仿到创新
——苏联液体弹道火箭技术的发展（1944—1951）

（续表）

组别	序号	姓名	性别	出生年	入职时间	入职年龄/岁	职位
第3组	6	布吕克尔（Л.Э. Брюккер）	男	1912	1933	21	设计师
	7	尼古拉耶夫（Николаев）	男	1910	1933	23	机械师
	8	奥加涅索夫（О.С. Оганесов）	男	1912	1933	21	技术员
	9	梁赞金（А.Б. Рязанкин）	男	1912	1932	20	机械师
	10	希巴洛夫（Г.В. Шибалов）	男	—	—	—	工程师
第4组	1	科罗廖夫（С.П. Королёв）	男	1907	1932	25	喷气运动研究小组领导者，第4组组长
	2	热列兹尼科夫（Н.А. Железников）	男	1904	1932	28	主任工程师
	3	切萨洛夫（А.В. Чесалов）	男	1910	1933	23	主任工程师
	4	谢京科夫（Е.С. Щетинков）	男	1907	1932	25	主任工程师
	5	皮沃瓦罗夫（С.А. Пивоваров）	男	1909	1932	23	工程师
	6	费多托夫（Г.Н. Федотов）	男	1911	1933	22	工程师
	7	戈尔布诺夫（В.В. Горбунов）	男	1911	1933	22	设计师
	8	伊万诺娃/亚历山德洛娃（В.В. Иванова/Александрова）	女	1912	1932	20	制图设计师

第一章 1944年之前苏联液体火箭技术的发展

（续表）

组别	序号	姓 名	性别	出生年	入职时间	入职年龄/岁	职位
第4组	9	皮沃瓦罗夫 （Б.А. Пивоваров）	男	1904	1933	29	技师
	10	斯杰尼亚耶夫 （А.И. Стеняев）	男	—	—	—	工程师
行政管理部门	1	阿尔汉格尔斯卡雅 （В.В. Архангельская）	女	1908	1932	24	会计员
	2	巴边科 （А. Бабенко）	男	1906	1932	26	喷气运动研究小组秘书
	3	帕拉耶夫 （Е.С. Параев）	男	—	—	—	组织处处长
	4	叶菲莫娃 （З. Ефимова）	女	1907	1933	26	工作人员
	5	捷列霍娃 （Т.Г. Терехова）	女	1907	1933	26	打字员
	6	赫列诺夫 （Г.И. Хренов）	男	1903	1932	29	主任会计师
	7	福尔季科夫 （И.П. Фортиков）	男	—	1931	—	秘书
	8	布拉诺夫 （С. Буланов）	男	—	—	—	喷气运动研究小组副组长
	9	索科洛夫 （С.В. Соколов）	男	—	—	—	宣传部
	10	察廖夫 （Е.С. Царев）	男	—	—	—	专家培训部
	11	罗多什克维奇 （Т. Родошкевич）	男	—	—	—	专家培训部

从模仿到创新
——苏联液体弹道火箭技术的发展（1944—1951）

（续表）

组别	序号	姓名	性别	出生年	入职时间	入职年龄/岁	职位
生产部门	1	阿夫多宁（В.П. Авдонин）	男	1912	1932	20	机械师
	2	亚历山德罗夫（П.С. Александров）	男	1907	1933	26	机械师
	3	阿斯塔霍夫（А.И. Астахов）	男	1912	1933	21	车工
	4	别兹柳多夫（В.М. Безлюдов）	男	1906	1933	27	钳工
	5	贝格（Е.И. Берг）	男	1902	1932	30	铜工
	6	博奇科夫（М.В. Бочков）	男	1892	1933	41	车工
	7	布苏林（Ф.А. Бусурин）	男	1909	1933	24	钳工
	8	弗拉索夫（И.В. Власов）	男	1912	1933	21	机械师
	9	沃罗比耶夫（И.А. Воробьев）	男	1912	1933	21	技师（生产主任）
	10	沃罗比耶夫（М.Г. Воробьев）	男	1907	1932	25	机械师
	11	沃龙佐夫（А.А. Воронцов）	男	1905	1933	28	焊工
	12	加夫里林（А.И. Гаврилин）	男	1907	1932	25	钳工
	13	格拉乔娃（Е.Н. Грачева/Кожемякина）	女	1909	1933	24	司机

第一章 1944年之前苏联液体火箭技术的发展

(续表)

组别	序号	姓名	性别	出生年	入职时间	入职年龄/岁	职位
生产部门	14	杜尔诺夫 （А.М. Дурнов）	男	1906	1933	27	机械师
	15	祖伊科夫 （А.В. Зуйков）	男	1896	1933	37	车工
	16	伊孔尼科夫 （Л.А. Иконников）	男	1912	1932	20	机械师
	17	卡皮托诺夫 （М.П. Капитонов）	男	1896	1933	37	机械师
	18	科斯佳什金 （П.И. Костяшкин）	男	1911	1933	22	车工
	19	科兹洛夫 （А.В. Козлов）	男	1914	1933	19	车工
	20	马特西克 （Е.М. Матысик）	男	1907	1933	26	机械师，工长
	21	米洛拉多夫 （Милорадов）	男	—	1933	—	机械师
	22	莫伊谢耶夫 （И.М. Моисеев）	男	1903	1932	29	钳工
	23	穆拉绍夫 （А.В. Мурашов）	男	—	1932	—	木工
	24	涅菲奥多夫 （А.П. Нефедов）	男	1912	1933	21	钳工
	25	努日金 （П.К. Нуждин）	男	1908	1932	24	工长
	26	奥库涅夫 （А.Г. Окунев）	男	1907	1933	26	铜工
	27	彼得罗夫 （Н.В. Петров）	男	1916	1933	17	车工

从模仿到创新
——苏联液体弹道火箭技术的发展（1944—1951）

（续表）

组别	序号	姓名	性别	出生年	入职时间	入职年龄/岁	职位
生产部门	28	拉耶茨基（А.С. Раецкий）	男	1911	1932	21	机械师
	29	鲁缅采夫（Румянцев）	男	1896	1933	37	车工
	30	谢姆奇列耶娃（К.В. Семчилеева）	女	1918	1933	15	车工
	31	费多罗夫（К.К. Федоров）	男	1913	1932	19	机械师
	32	弗罗洛夫（Б.В. Флоров）	男	1908	1932	24	机械师
	33	弗罗洛夫（Г.В. Фролов）	男	1912	1932	20	钳工
	34	丰季科娃（А.Н. Фунтикова）	女	1917	1933	16	车工
	35	哈里托诺夫（П.Н. Харитонов）	男	—	1933	—	技师
	36	舍科（Б.В. Шедко）	男	1911	1932	21	车工
	37	克拉斯努欣（Н.Н. Краснухин）	男	—	—	—	机械师
	38	斯捷潘科夫（Степанов）	男	—	—	—	机械师
	39	顿涅茨基（Донецкий）	男	—	—	—	装配钳工
	40	尼古拉耶夫（Николаев）	男	—	—	—	机械师
	41	伯格诺夫（Богнов）	男	—	—	—	车工

第一章 1944年之前苏联液体火箭技术的发展

（续表）

组别	序号	姓名	性别	出生年	入职时间	入职年龄/岁	职位
生产部门	42	孔德拉季耶娃/皮沃瓦罗娃（З.Кондратьева/Пивоварова）	女	—	—	—	工具制造者
	43	安德烈耶夫娜（Андреевна）	女	—	—	—	钳工
	44	别克涅夫（Г.П. Бекенев）	男	1903	1932	29	车间主任

喷气运动研究小组104人，平均年龄是25岁；其中工程师和设计师有45人，占员工总数的43%，可以说这是一支年轻有活力、有创造性的团队。特别值得注意的是，研究小组中女性有18人，占全体员工总数的17%，而这些女性中56%为工程师和设计师（10人）。女性在这个时期火箭技术发展中的参与度比较高，与当时苏联航空事业飞速发展、年轻人积极投身航空热潮有关。在1920年代末至1930年代初，大量女性进入航空领域，应征加入空军，她们学习了基础的航空专业，掌握了必要的军事知识和技能，之后参与到火箭技术领域。

由于资金有限，而喷气运动研究小组（图1-10）的项目范围太广，最终集中精力研制液体火箭，并取得了丰硕成果。1933年8月17日，由吉洪拉沃夫团队研制代号为GIRD-09（ГИРД-09）的液体火箭在纳哈宾诺试验场发射成功（图1-11），这是苏联第一枚半液体火箭。这枚火箭呈流线型细长体，长2.4 m，箭身直径0.18 m，总重18 kg，其中6 kg为有效载荷，使用胶状汽油和液氧作推进剂，发动机推力53 kg，飞行速度250 m/s，火箭发射18 s后最高射程约400 m[①]。不久后，11月25日灿德尔团

---

① Борисов Л П. Первая отечественная баллистическая ракета [J]. Вопросы истории, 1993（5）: 168-170.

从模仿到创新
—— 苏联液体弹道火箭技术的发展（1944—1951）

队设计的 GIRD-X（ГИРД-X）火箭（图 1-12 和 1-13），装备着他们自行研制的 OP-2 发动机试飞成功，这是苏联第一枚全液体火箭。火箭长 2.2 m，重 30 kg，采用液氧和乙醇作燃料，发动机推力 70 kg，飞行高度 80 m，水平飞行了 150 m。然而，灿德尔并未看到喷气运动研究小组的这一系列巨大成功，他因积劳成疾患上斑疹伤寒，于 1933 年 3 月 28 日与世长辞。在某种意义上，灿德尔的去世预示着苏联业余火箭研究的终结[1]。

图 1-10　喷气运动研究小组成员讨论火箭方案（1931 年）[2]

---

[1] Siddiqi A A. Sputnik and the soviet space challenge [M]. Gainesville:University Press of Florida, 2003: 6.

[2] А.П. Александров. ГИРД, Группа Изучения Реактивного Движения [M]. М.: Машиностроение-Полет, 2020. 65. 后排从左至右站立：苏马罗科娃（Н.В. Сумарокова）、福尔季科夫（И.П. Фортиков）、灿德尔；前排从左至右坐着：科罗廖夫、列维茨基（А. Левицкий）、切拉诺夫斯基（Б.И. Чеановский）、波别多诺斯采夫、扎博金（Заботин）。苏马罗科娃是苏联第一位女领航员，茹科夫斯基军事航空工程科学院空中领航实验室指导员。

第一章　1944 年之前苏联液体火箭技术的发展

图 1-11　GIRD-09 火箭发射的参与者（1933 年 8 月，纳哈比诺）[①]

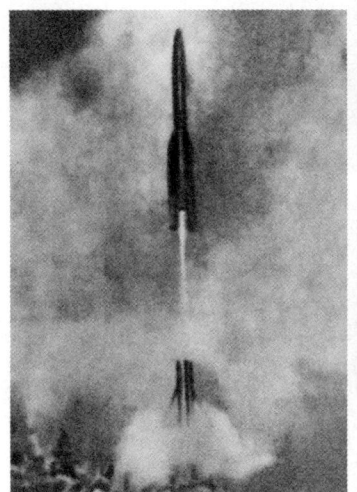

图 1-12　GIRD-X 火箭发射[②]及其参与者们（1933 年）[③]

[①] Участники запуска ракеты ГИРД-09 [A]. РГАНТД.Ф.211.ОП.7.Д.523. https://rgantd.ru/news/pamyatnye-daty/k-92-letiyu-sozdaniya-moskovskoy-gruppy-izucheniya-reaktivnogo-dvizheniya/?sphrase_id=59421. 从左至右：后排站立者为科罗廖夫、叶夫列莫夫、布德科夫（Будков）、科尔涅耶夫、拉耶茨基、伊孔尼科夫（Л.А. Иконников），前排蹲坐者为马特西克、巴洛维娜、舒尔吉娜、科鲁格洛娃。

[②] Схема, общий вид и старт ракеты ГИРД-X [A]. АРАН. Ф.Р-IV. Оп.14А. Д.1. ЛЛ.119, 122. https://isaran.ru/?q=ru/doc&guid=753372F6-2A5D-7596—0017-6B14A957C22B&ida=1&str=ГИРД-X.

[③] Перед запуском ракеты ГИРД-X [A]. АРАН. Ф.1546. Оп.1. Д.75. Л.168. https://isaran.ru/?q=ru/doc&guid=DA82C54D-EF7F-A26B-1DB8-56FADE2BF034&ida=1&str=ГИРД-X. 右图中从左至右：站立者依次为科罗廖夫、叶夫列莫夫、杜什金、科尔涅耶夫、霍万斯基，前排蹲坐者依次为弗罗洛夫、科尔巴辛娜、费多罗夫、波利亚尔内、雅凯蒂斯、沃罗比耶夫。

从模仿到创新
——苏联液体弹道火箭技术的发展（1944—1951）

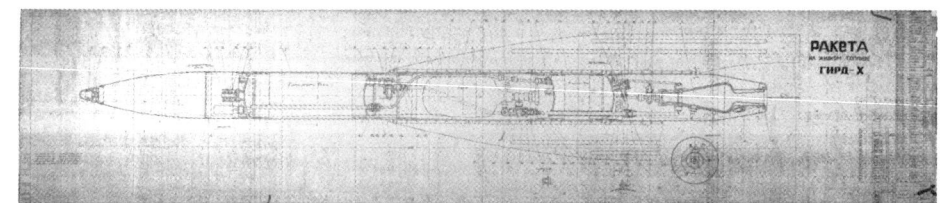

图 1-13　GIRD-X 火箭图纸 ①

第三节　喷气科学研究所的建立

气体动力学实验室和喷气运动研究小组这两个独立的火箭研究组织，在 1931 年开始非正式地接触，并探讨协同发展、合二为一的可能性。然而由于气体动力学实验室的军事色彩，这两个机构的合并并不是一件容易的事。

喷气科学研究所的组建是各方努力推动政府机构做出决定的过程。首先，火箭工程师们积极争取，他们与上层管理机构不断沟通，推动管理层做出决定。科罗廖夫多次给图哈切夫斯基写信求助，以及在国防及航空化学建设促进会主席团会议上介绍喷气运动研究小组的工作，提出将研究小组划拨到军事部门的问题。莫斯科喷气运动研究小组的共产党员还致信斯大林，请求尽快建立专门的研究所。气体动力学实验室的同事们也致信军区及所属委员会领导，对莫斯科同仁表示支持。其次，图哈切夫斯基意识到火箭武器在军事方面的运用前景，他积极游说高层机构，大力支持两个研究组织的合并。事实上，正是在图哈切夫斯基的倡导下，气体动力学实验室才纳入革命军事委员会的军事科学与研究协会之下，此后他不仅关注空气动力学实验室的人员扩编，还引导军事学院的优秀毕业生进入气体动力学实验室。第三，GIRD-09 和 GIRD-X 火箭的发射成功，显示了民间火箭技术研究机构的能力。

1933 年 9 月 21 日根据苏联革命军事委员会第 0113 号令，气体动力学实

---

① Чертёж ракеты ГИРД-X. https://epizodyspace.ru/bibl/gird/gird-10.jpg.

第一章　1944年之前苏联液体火箭技术的发展

验室和喷气运动研究小组合并，创建了喷气科学研究所（图1-14），从事喷气运动问题的原理和实践研究，力图把火箭技术运用到军事和国民经济各领域。为了与工业界建立更紧密的联系，11月15日研究所又归属到苏联重工业人民委员部（Наркомтяжпром）管理。原气体动力学实验室主任、军事工程师克莱门诺夫（И.Т. Клеймёнов，1899—1938，图1-15）任所长，副所长开始由科罗廖夫担任，后由朗格马克（Г.Э. Лангемак，1898—1938，图1-16）出任。齐奥尔科夫斯基被委任为研究所学术委员会的名誉委员。由此，苏联成为世界首个设立了国家级火箭技术研究机构的国家，这是苏联火箭研究走向正规化的标志。

图1-14　喷气科学研究所主楼[①]

喷气科学研究所逐渐成为一个机构设置完善的组织。研究所总部设在莫斯科，设4个主要部门：1部从事固体燃料发动机和火箭研制，由波别多诺斯采夫领导；2部从事液体火箭发动机研制，由吉洪拉沃夫领导；3部研究有翼火箭和火箭飞机，由祖依科夫领导；4部研究固体和液体燃料成分，由亚历山大洛夫负责。研究所还在莫尼诺（Монино）设有科学实验室、试验

---

① Здание главного корпуса РНИИ [A]. РГАНТД. Ф.211.Оп.14.Д.125. https://rgantd.ru/news/pamyatnye-daty/hk-90-letiyu-sozdaniya-reaktivnogo-nauchno-issledovatelskogo-instituta-/?sphrase_id=59305.

从模仿到创新
——苏联液体弹道火箭技术的发展(1944—1951)

台、风洞、生产车间;在索夫林斯基炮兵发射场(Софринский полигон)设有发动机试车台和试验场;并设立科学技术委员会讨论年度和远景工作计划,其成员不仅包括所内领导和设计师,还有一些著名航空设计师。成立之初的几个月内,研究所拟定了发动机和火箭计划,定期召开科学大会,出版科技论文集《火箭技术》等著作。

图1-15 克莱门诺夫(1930年代)[①]

图1-16 朗格马克(1935年)[②]

但研究所运行之始,两个合并的团体,主要是两个团体的领导者之间就产生了分歧并最终演化成严重的冲突。这种分歧的根源在于——对科学研究和试验设计工作的目的和方向理解不同。以科罗廖夫为首的原喷气运动研究小组成员认为,以氧气和酒精为燃料的液体喷气发动机火箭拥有最好的前景,并强调除了为国防研制火箭之外,还应制造平流层飞行的飞行器,开展实实在在的火箭飞机试验。但以所长克莱门诺夫为首的原空气动力学实验室成员,热衷于采用火药发动机,对液氧火箭发动机持消极态度,强调研究所的主要工作应集中于军事课题。围绕这些问题,以及由此带来的生产基地的

---

① И.Т. Клеймёнов[A]. РГАНТД. Ф.175.Оп.1.Д.25.Л.1. https://rgantd.ru/news/pamyatnye-daty/hko-dnyu-rozhdeniya-i-t-kleymenova/?ysclid=lor8rsd0sp939402637 .

② Г.Э. Лангемак[A]. РГАНТД. Ф.259. Оп.2. Д.58. Л.1. https://rgantd.ru/news/pamyatnye-daty/k-90-letiyu-sozdaniya-hreaktivnogo-nauchno-issledovatelskogo-instituta-/?sphrase_id=59305.

工作范围产生了无休止的争论。矛盾激烈之时，克莱门诺夫对科罗廖夫做出了极差的工作鉴定，并要求撤销科罗廖夫副所长职务，将其开除出红军队伍。经图哈切夫斯基调解，1934年3月科罗廖夫不再担任副所长一职，改任有翼火箭部的高级工程师。这次撤职对科罗廖夫造成了很大的打击，但因祸得福，恰恰是这次撤职不久后挽救了他的生命。

克莱门诺夫和朗格马克在固体燃料火箭研制和生产方面拥有丰富的经验，喷气科学研究所的工作也更偏重于固体燃料火箭武器的研发，并在这一领域取得了突出成绩。研究所与弹药人民委员部第6科研所（НИИ-6 Наркомата）联合，成功研制出火箭弹的火药新成分。这为二战前夕和二战期间保障大规模的炮弹生产起到了非常重要的作用。1936—1938年间，新火药通过测试得以量产，装备到苏军战斗机口径82 mm和132 mm的火箭炮（РС-82和РС-132）上。这是研究所第一个实际投入使用的成果，也是研究所首次被纳入军备中的成果[①]。

在液体火箭技术领域，格鲁什科带领团队继续OPM型号液体火箭发动机的研发，主持设计了从OPM-53到OPM-64的硝酸类发动机，用于高推力发动机的参数试验，推力可达680 kg。这些发动机的典型尺寸是燃烧室直径0.12 m，喷管喉部直径0.032 m，重约15 kg，比冲可达210 s。面临的最大困难仍是需要改良设计方案，进一步提高助推力。科罗廖夫则从事自己偏爱的有翼火箭和火箭飞机（即有翼滑翔飞机）研究，设计试验了有翼火箭212（以下简称212，图1-17）和201、火箭飞机318（以下简称318，图1-18）[②]，他认为"火箭飞机将为载人研究70～80 km同温层开辟现实而广阔的前景"[③]。对各种发动机性能和质量进行比较后，212和318都选择装载OPM-65液体发动机（图1-19），发动机推力约150 kg。318是苏联第一架

[①] Matthias U. Stalins V-2: der technologietransfer der deutschen fernlenkwaffentechnik in die UdSSR und der aufbau der sowjetischen raketenindustrie 1945 bis 1959 [M]. Bonn: Bernard & Graefe-Verlag, 2001: 22.

[②] 212用装有固体火箭发动机的弹射器从地面发射，201从运载飞机上发射。

[③] ［苏］克尔迪什主编. 科罗廖夫文集［M］. 岳祝祯等译，李国芬等校. 北京：宇航出版社，1992: 115.

从模仿到创新
——苏联液体弹道火箭技术的发展（1944—1951）

装有液体火箭发动机的载人火箭滑翔机，起飞重量 657 kg（其中燃料重量 75 kg），机长 7.9 m，翼展 17 m，设计飞行速度 270 km/h，1940 年 2 月 28 日首次飞行成功。值得指出的是，从 212 和 318 起科罗廖夫设计的大部分飞行器，都采用了格鲁什科的液体火箭发动机。

图 1-17　有翼火箭 212[①]

图 1-18　火箭飞机 318[②]

---

① Испытания крылатой ракеты 212, разработанной группой под руководством С.П. Королева [A]. РГАНТД. Ф.107 оп. 6 д. 57 л.5. https://rgantd.ru/vystavki/korolev/pics/007_019.jpg.

② Фотографии, схемы, диаграммы по ракетоплану РП-318 [A]. АРАН. P.IV. Оп.17. Д.39. https://arran.ru/exposition14.

第一章　1944 年之前苏联液体火箭技术的发展

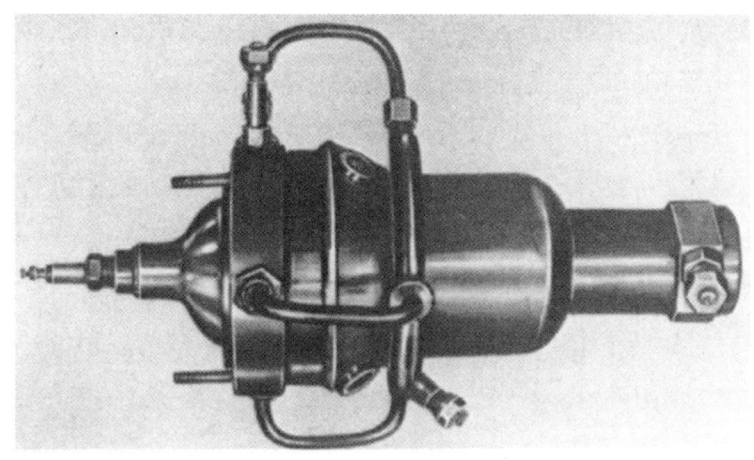

图 1-19　液体火箭发动机 OPM-65[①]

火箭工程师们还探索了液体火箭用于高空飞行的可能性。科罗廖夫在全苏平流层会议上发表了《飞入平流层的火箭》和《关于载人火箭飞行问题》的报告，指出用火箭实现平流层[②]探索的潜力，呼吁与其他组织或大学合作研究高空火箭所需的科学仪器，以及火箭控制问题。吉洪拉沃夫还为全苏航空与技术协会设计了大气研究火箭，该火箭头部装有 8 kg 的降落伞和探测仪器，飞行高度为 10.8 km，于 1936 年 4 月进行了第一次飞行。

一些原喷气运动研究小组的成员，因对研究所的工作现状不满，选择去其他组织继续液体火箭研究。克尔内耶夫和波里亚尼离开喷气科学研究所，1935 年 8 月在图哈切夫斯基的帮助下建立了独立的第 7 设计局（KB-7），隶属于原总参谋部第 1 炮兵指挥部管理，专门从事液体火箭研究，研发了一系列复杂火箭用于高空探索。例如 P-03 和 P-06 火箭，它们在一些方面已具有现代火箭的风貌，推进剂控制阀、压力和时间延迟、电点火开关等都是自动工作的。第 7 设计局还与科学院研究所实现合作，研发了更为先进

---

① Жидкостный ракетный двигатель ОРМ-65 конструкции В.П. Глушко, предназначенный для установки на ракетоплан РП-318-1 и крылатую ракету 212 ［А］. РГАНТД. СИФ. https://rgantd.ru/vystavki/korolev/pics/007_010.jpg.

② 平流层即同温层。大气按照在垂直方向的各种特性，可进行分层，从地面起依次为对流层、平流层、中间层、热层和散逸层。在中纬度地区，同温层位于离地表 10～50 km 的高度，而在极地离地表 8 km 左右。

从模仿到创新
——苏联液体弹道火箭技术的发展（1944—1951）

的 P-05 火箭。光学研究所和第 1 地球物理天文台为这枚火箭研制了专门仪器。虽然由于战时影响、资金紧张等原因，P-05 没有制造出来，但这是苏联首枚专门用于高空大气探索的火箭。另外，还有一些原喷气运动研究小组的工程师，决定不加入喷气科学研究所而独立开展研究。如米尔古洛夫（И.А.Меркулов）在平流层委员会①的喷气分会，领导研发了用于火箭的首批冲压式喷气发动机。30 年代末期，炮兵指挥部认为液体火箭的探索对军事研究没有用处，上述这两个团队的火箭研究被搁置，第 7 设计局也在 1939 年被解散。

从 1937 年初开始，喷气科学研究所的隶属关系经历了一系列变化，离开了重工业人民委员部，先后隶属于国防工业人民委员部（НОП）和弹药人民委员部，并被重新命名为第 3 科学研究所（НИИ-3），成为苏联主要从事火箭技术的研究机构，具有严格的保密制度。第 3 科研所重点发展固体炮弹，研制出著名的喀秋莎火箭炮。液体火箭发动机和飞行仪器方面的工作实际上仅依靠研究人员的热情和自主生产能力②，只是继续了 212、318 等有翼火箭的飞行试验。第 3 科研所的领导认为有翼火箭与研究所的业务不适应，力图取消这方面的工作。科罗廖夫给上层领导写报告沟通，他首次提出并论证了研制火箭截击机的必要性和解决途径。后来即使科罗廖夫离开了研究所，这项工作不但没被取消反而扩大了，成为第 3 科研所的主要工作，还吸引来其他单位开始有翼火箭的研究③。

与此同时，1937 年苏联国内的大清洗运动已经开始涌动，并辐射到喷气科学研究所。当年 5 月，图哈切夫斯基、国防及航空化学建设促进会主席埃德曼和一系列军事领导者，因被指控从事间谍活动和颠覆国家政权而被捕，随即被枪决。火箭工程师们失去了他们在军方最有影响力的资助者——图哈切夫斯基，之后的将领再没有像图哈切夫斯基那样意识到液体火箭的战略潜力，也没有规划液体火箭的军事战略方案。同年 10 月，科罗廖夫的论文导师、著名航空设计师图波列夫（А.Н. Туполев，1888—1972）因被指控

---

① 平流层委员会（Стратосферный комитет），隶属于国防及航空化学建设促进会。
② Черток Б Е. Ракеты и люди.Подлипки-Капустин Яр-Тюратам [M]. Москва: Издательство РТСофт, 2011: 446.
③ 1942 年博尔霍维季诺夫（В.Х. Болховитинов）领导的设计局研制出苏联第一种火箭歼击机 БИ。

第一章 1944 年之前苏联液体火箭技术的发展

从事破坏行为被捕。不久喷气科学研究所领导克莱门诺夫和朗格马克被捕，很快被枪决。12 月底，格鲁什科和科罗廖夫被解除研究课题的领导工作，并分别于 1938 年 3 月 23 日和 6 月 27 日被捕。由于以上种种原因，苏联火箭技术的发展自 1937 年起受到抑制[①]。

二战开始后，第 3 科研所的工作服从前线战事需要，直到 1944 年之前液体火箭技术方面还在继续的工作只有液体火箭发动机和飞机火箭助推起飞的研究。与此形成鲜明对比的是，二战期间纳粹德国在实用的液体火箭技术领域取得重大突破，研发出世界上第一种弹道火箭 V-2。考虑到 20 世纪 30 年代苏联和德国的火箭小组大致相当的活动，此时苏德之间已然有了很大差距[②]。

总体而言，1944 年之前苏联液体火箭技术的发展，与世界主要国家相比，发展大致相当，都处在早期探索阶段。只有苏联、德国和美国成功进行了液体火箭的发射。在苏联，工程师们最早意识到液体火箭所拥有的优势，建立起气体动力学实验室、喷气运动研究小组，以及喷气科学研究所这样重要的火箭技术研究组织，推动了火箭技术发展。尽管他们知道液体火箭拥有优势，但在短时间内仍无法突破面临的技术障碍。1944 年之前，苏联液体发动机最大推力不超过 1.5 t，且都没有投入量产；由于种种原因，在平流层的应用也没能走得更远。从国家层面来说，液体火箭技术此时并不是国家发展的重点，之后的大清洗运动更是打断了液体火箭技术的继续深入探索。

这个时期苏联火箭技术研究组织所做的工作意义非凡，不仅是因为它们在火箭技术实践史上迈出了坚实的步伐，更在研究中培养了一批专业的火箭技术人才，包括设计师、试验员和生产人员等。这批人成长于苏联蓬勃发展的太空探索文化之中，参与了最早一批火箭研究组织的创建，在经费紧缺、发展路线争斗中，坚定地进行液体火箭技术的研究，积累了丰富的组织和科研经验。幸运的是，在大清洗运动和二战中一些重要的火箭专家得以保留下来。1944 年，第 3 科研所划归航空工业人民委员部（НКАП）管理，并改名为第 1 科学研究所（(НИИ-1）。不久之后，苏联派往波兰、德国等地考察 V-2 技术的航空和火箭工程师大都来自这个研究所。

[①] Черток Б Е. Ракеты и люди.от самолетов до ракет[M]. Москва: Издательство РТСофт, 2010: 24.

[②] Siddiqi A A. Sputnik and the soviet space challenge[M].Gainesville: University Press of Florida, 2003: 26.

第二章

苏联对德国火箭技术的争夺
（1944—1945）

在第二次世界大战中，德国在研制实用的火箭方面取得突破，率先制造出弹道火箭。战争期间，德军发射 3 225 枚 V-2 火箭，袭击英国、法国和比利时等国家，造成巨大的人员与财产损失[①]。这引起各国密切关注 V-2 的巨大军事潜力。在德国战败之际，美苏两国竞相争夺德国火箭技术——专家、火箭、技术资料及相关设备设施。美苏对德国火箭技术的分享影响了战后世界火箭技术与航天事业的发展，成为国际冷战格局形成中一个不可或缺的因素。

第一节 德国 V-2 火箭技术系统概述

V-2 是人类历史上第一种弹道火箭。它不仅凝结了许多当时最先进的技术技艺，代表了第二次世界大战前液体火箭技术的最高水平，还积累了丰富的配套工业设施建设和组织管理经验，是航天技术发展史上一个重要的里程

---

① 德国发射 3 225 枚 V-2，袭击了安特卫普（1 610 枚）、伦敦（1 359 枚）、里尔（25 枚）、巴黎（19 枚）和马斯特里赫特（19 枚）以及其他一些目标，其中 1/5 为哑弹。最后一枚火箭于 1945 年 3 月 27 日落在伦敦南部的肯特州。参见：Bode V, Kaiser G. Building Hitler's Missiles: Traces of History in Peenemünde [M]. Berlin: Christoph Links Verlag, 2008: 90-91.

碑。二战后，V-2 火箭成为美苏等国研制新型火箭武器的蓝本，更为现代航天技术发展奠定了重要基础。

一、《凡尔赛和约》与新武器 V-2

第一次世界大战（简称"一战"）结束后，主要战胜国召开巴黎和会，在长达数月的讨价还价后各战胜国达成协议，拟定了《对德和约》。1919年6月28日，德国在协约国的武力胁迫之下，与各战胜国代表在凡尔赛宫正式签订了《协约国及参战各国对德和约》，即《凡尔赛和约》（le Traité de Versailles，也称为凡尔赛条约），标志着第一次世界大战正式结束。协约国集团将战争的罪责全部归咎于德国并对其进行了严厉的惩罚。

《凡尔赛和约》共15部分440条，不仅包括巨额赔款、德国领土及其海外殖民地的有限期占领和分割，还对德国的军事实力进行了严格限制[①]。该和约规定了强制性的裁军措施，包括德国陆军不超过10万，海军不超过1.5万，禁止拥有空军，禁止德国拥有各种重型武器、坦克、飞机和潜艇，在边境设立 50 km 宽的非军事区，以及盟国在德国享有裁减军备上的监察权和监控权等。该和约异常苛刻的条款不仅在物质上给德国以重创，而且从精神上严重打击德意志民族的自尊心和自豪感，引起德国社会各阶层的不满和普遍抵制。德国人将这个和平方案视为"不能忍受的耻辱"[②]。

对广大的德国人来说，《凡尔赛和约》对经济产生了灾难性影响。由于政府在"一战"期间筹措军费和战后支付巨额赔款，1923年德国爆发了严重的通货膨胀。1914年7月，1美元可兑换4.2马克，到1923年11月，

---

① 协约国赔偿委员会要求德国在30年内偿付总计1 320亿金马克的战争赔款且必须以黄金支付。但到1932年时，德国的战争赔款已大幅削减，最终被确定为30亿马克，分30年付清。根据和约规定，德国损失了13.5%的领土、12.5%的人口、所有的海外殖民地、16%的煤产地及半数的钢铁工业。详见史蒂文·奥次门特著，邢来顺等译.德国史[M].北京：中国大百科全书出版社，2009: 246. 李工真.德意志道路：现代化进程研究[M].第二版.武汉：武汉大学出版社，2005: 243. 刘自强，陈光辉.《凡尔赛和约》与战后德国民族复仇主义的勃兴[J].湘潭大学学报（哲学社会科学版），2019，43（3）：165-172.

② 李工真.德意志道路：现代化进程研究[M].第二版.武汉：武汉大学出版社，2005: 239.

从模仿到创新
——苏联液体弹道火箭技术的发展（1944—1951）

1 美元兑换马克已升至无法想象的 4 200 亿①。紧接着，由于美国华尔街经济崩盘，德国在 1929—1933 年的世界经济大萧条中遭受重创，大批工厂倒闭，失业人数增长了 3 倍。在右翼势力的蛊惑下，生活困顿的民众普遍认为《凡尔赛和约》强加给德国的不公正待遇是导致一切苦难的根源。于是，呼吁撕毁和约的复仇情绪高涨，各阶层对抗和约的行动层出不穷。

这期间，德国出现了一些由战后不愿卸甲归田的士兵和军官组成的准军事团体②，以应对裁军的压力。曾在西线战场服役 4 年的希特勒（A. Hitler，1889—1945）就是其中一员。他在 1933 年 1 月成为德国总理，毫不隐瞒其修改《凡尔赛和约》的意图，并立刻着手实施修正主义政策，表示将通过重振军备来降低失业率③。在德国政府支持下，一些企业通过在他国开设工厂等各种名义，摆脱协约国的监视，研制和约严禁生产的常规武器。多家航空企业在瑞典、荷兰、苏联和意大利等国开设工厂，研制军用飞行器。最终，1927 年协约国管制委员会因无力监控德国军备发展而被迫撤离，关于德国违反规定发展军备的最后报告也被禁查④。

更为重要的是，冲破和约束缚的压力成为研制新型武器的动力。德国积极将火箭技术用于研发新型武器。火箭技术为研制未被《凡尔赛和约》禁止的远距离武器提供了新的发展道路，当年起草该和约的人们还没考虑到火箭的发展。

---

① 史蒂文·奥次门特著，邢来顺等译. 德国史 [M]. 北京：中国大百科全书出版社，2009: 27.
② 这些士兵或军官不想也不能适应战后日常生活的困境，进入以"自由军团"著称的地方志愿部队。他们原本是为了补充地方上的警察和国家武装力量，最后却超过了后者。
③ 1924 年，德国利用"鲁尔危机"后国际舆论对德国普遍的同情促使英美等国在赔款问题上做出让步，并利用国际关系形势，促进德国经济恢复，到希特勒上台后再也没提起赔款问题。军备问题上，1932 年的裁军会议宣布德国同与会各国享有同等的军备权利。因为希特勒在经济和军备上的这些举措，他甚至在二战前夕被提名诺贝尔和平奖。提名他的是瑞典议员埃里克·勃兰特。埃里克·勃兰特意在讥讽有人向诺贝尔委员会提名时任英国首相的张伯伦（A.N. Chamberlain, 1869—1940），抗议其在德国和欧洲和平上的绥靖政策。虽然希特勒没有获得必要的多数选票，但关于他"所作贡献"的讨论非常热烈，负责评奖的挪威诺贝尔委员会最终把当年的奖项授予综合研究机构南森研究所。
④ 1932 年的国际裁军会议对德国的军备限制也基本解除，由此导致《凡尔赛和约》对德国的惩罚和限制已经名存实亡。此后，在纳粹党的统治下，德国在 1935 年 3 月公开撕毁《凡尔赛和约》，宣布恢复义务兵役制并且大规模扩军。

二、德国的火箭研发系统与地理分布

1930年12月17日,德国陆军部(HWA)召开正式的火箭武器研制会议,标志着德国官方军用火箭计划的开始,德国成为世界上最早对火箭武器研究提供政府级支持的国家①。这是一项采取新的原理和技术路线的武器研发计划。

1932年,一支民间业余火箭研究小组的工作引起了军方的注意。这主要得益于小组成员鲁道夫·内贝尔(R. Nebel, 1894—1978)的热情宣传和表演他们还不成熟的第一支小火箭米拉克(Mirak-1)。小组主要成员还有冯·布劳恩(W. von Braun, 1912—1977)②和克劳斯·里德尔(K. Riedel, 1907—1944),他们当时都是德国星际航行协会的成员。当陆军负责火药火箭的上尉瓦尔特·多恩伯格(W.R. Dornberger, 1895—1980)博士等人在火箭飞行场视察时,对这个小组的火箭研究表现出兴趣。多恩伯格提出自己的任务是"发展一种液体推进剂火箭,可以用工业方法生产,射程比任何大炮都远"③。经过双方互相了解,火箭研究小组开始与陆军方面进行合作。希特勒权力崛起之后,空军得到了政府更加慷慨的资助,也开始关注和支持火箭研究。

1930—1932年底,军方在柏林西南部40 km处的库默斯多夫(Kummersdorf)建设了"西部试验站"(Versuchsstelle West),其首要任务是测试和开发远程火箭。正是在这里,1933年起冯·布劳恩的火箭研究小组相继设计和试制代号为A-1、A-2、A-3和A-5的试验火箭④,得到一系列重要的技术成果和试验数据,并在此基础上开始构想、研制实用化的大型火箭A-4。

然而,西部试验站面积小,且地理位置和保密条件都不符合战时要

---

① 李成智. 通向宇宙之路:跨世纪的航天技术[M]. 武汉:湖北教育出版社,1997: 55.

② 冯·布劳恩此时20岁,是柏林洪堡大学(Humboldt-Universität zu Berlin)的物理学博士研究生,也是德国星际航行协会(Verein für Raumschiffahrt, VfR)的成员。冯·布劳恩将自己的博士论文与火箭研发工作结合起来。

③ 埃里克·伯高斯特著,陈安全等译. 现代航天之父:布劳恩[M]. 上海:上海译文出版社,1982: 16.

④ 当时德国人并不把A系列称为火箭,而称为组合件(Aggregat)。因而A-4实际上是组合件-4(Aggregat-4)的缩写。

从模仿到创新
—— 苏联液体弹道火箭技术的发展（1944—1951）

求。为研制射程更远的火箭（A-4），多恩伯格积极争取陆军甚至空军的支持和参与，军方也由此得到自己需要的新武器。根据冯·布劳恩母亲提供的线索，1936年4月火箭研制小组与军方决定在德国东北部乌瑟多姆岛（Usedom）上的佩内明德（Peenemünde）秘密建立一个大型火箭研究中心。这个小岛东临波罗的海，有3座桥与大陆相连，交通便利且易于控制。佩内明德原本是岛上树林、沙地和沼泽环境中一个清静的渔村，被认为是秘密研制新武器的理想场所。在国家领导人和众多公司的支持下，火箭研究中心（图2-1）[①]建设迅速，于1939年底投入使用。德国人在该基地投资巨大，到1940年花费超过5 000万马克[②]。实际上，该中心分为两个部分，一是陆军研究中心（Heeresversuchsanstalt Peenemünde，图2-2），又称"佩内明德－东部"（Peenemünde-Ost），研究液体弹道火箭；二是空军试验中心（Erprobungsstelle der Luftwaffe），亦称"佩内明德－西部"（Peenemünde-West），研究Fi-103（图2-3）[③]。

佩内明德陆军研究中心主要进行A-4的研制、试验、组装和生产，具备很强的研发能力。在1936—1943年间，这里建成近70座大型建筑和复杂设施[④]，包括当时欧洲最大的风洞以及大型液态氧制取工厂、装备精良的试验室和制造车间等。大型试验台有11个，高达30 m，可以进行大型导弹及其发动机的各种试验[⑤]。战争开始时这里的员工数量达到10 000人。

---

① 佩内明德陆军火箭中心曾换过很多名字，1943年5月称为炮兵公园之家-11（Heimat-Artillerie-Park 11，HAP 11），1944年8月更名为电机工厂（有限责任公司）（Elektromechanische Werke GmbH），用以掩饰其研究的实质内容。

② Bode V, Kaiser G. Building Hitler's Missiles: Traces of History in Peenemünde [M]. Berlin: Christoph Links Verlag, 2008: 23.

③ Fi-103是有翼导弹（现称为巡航导弹），1944年改名为V-1，俄译为Фау-1。

④ 这些设备和设施当时在世界上是独一无二的，类似的高科技火箭制造中心直到10~15年后才在美国和苏联出现。

⑤ Доклад записка А.И.Шахурина Г.М.Маленкову от 8 июня 1945г. о результатах обследования германского реактивного научно-испытательного института в Пенемюнде [A]. Ивкин В И, Сухина Г А.Задача особой государственной важности. Из истории создания ракетно-ядерного оружия и Ракетных войск стратегического назначения（1945—1959гг）. Москва: РОССПЭН, 2010: 16-18. （1945年6月8日沙胡林致马林科夫关于德国佩内明德喷气科学试验研究所调查结果的报告）

第二章　苏联对德国火箭技术的争夺（1944—1945）

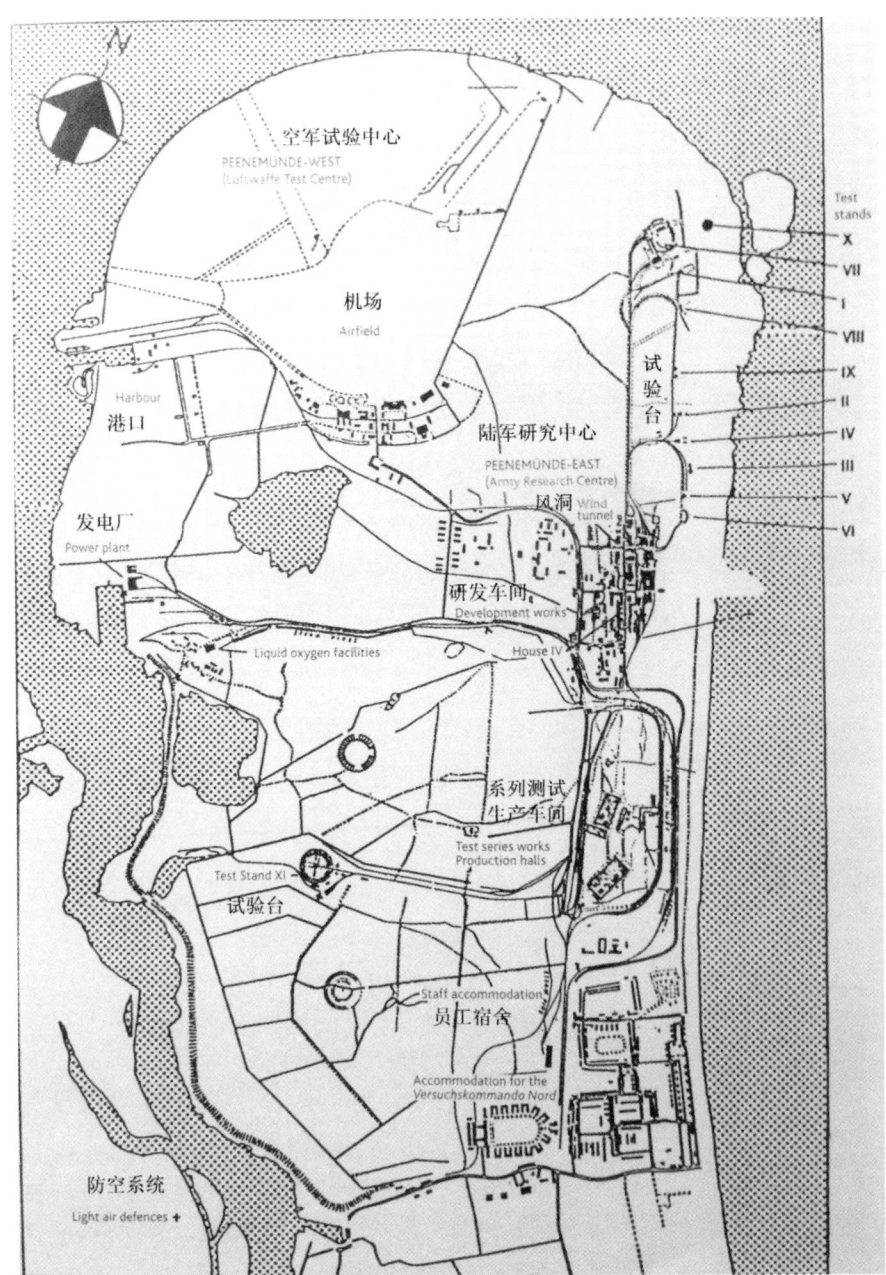

图 2-1　佩内明德火箭研究中心概况图①

---

① Bode V, Kaiser G.Building Hitler's Missiles:Traces of History in Peenemünde [M]. Berlin: Christoph Links Verlag, 2008: 7.

从模仿到创新
—— 苏联液体弹道火箭技术的发展（1944—1951）

图 2-2　佩内明德历史技术博物馆呈现的 V-2 复制品、发电厂及工作人员通勤列车①

图 2-3　佩内明德历史技术博物馆展出的 V-1 复制品

---

① 图 2-2 和 2-3 均为笔者实地拍摄。

第二章 苏联对德国火箭技术的争夺（1944—1945）

1942 年 10 月 3 日，A-4 火箭试验成功。这期间，希特勒于 1939 年 3 月和 1943 年 7 月两次视察火箭试验场，观看了 A-4 成功发射的影片，最初对 A-4 能把 1 t 爆炸物送到 180 英里远的地方感兴趣，1943 年决定将 A-4 列为国家最优先项目[①]。为扭转战争局势，德国很快将 A-4 火箭装备纳入部队。1944 年，A-4 更名为 Vergeltungswaffe-2（简称 V-2，俄译为 Фау-2，Vergeltungswaffe 意为复仇武器）。同年 12 月，希特勒授予冯·布劳恩等 5 名佩内明德的科学家纳粹最高奖励——骑士铁十字勋章（Ritterkreuz des Eisernen Kreuzes，简称 RK），以表彰他们对 V-2 火箭的设计、制造和应用的卓越成就。

大约在 1943 年下半年，盟军就获悉德国在佩内明德基地研制秘密武器，并可能用这种新武器攻击英国。英国空军于 1943 年 8 月 17 日对佩内明德进行地毯式的轰炸，陆军研究中心遭到破坏，而研制 V-1 的空军试验中心几乎没有遭到攻击。这是佩内明德遭受的第一次轰炸，有 733 人在此次空袭中丧生，其中包括火箭发动机专家瓦尔特·泰尔（W. Thiel）。4 天后，即 8 月 22 日，希特勒和施佩尔（A. Speer）作出将研发、生产和试验中心分开的决定，着手将 V-2 的测试工作转移到德军占领的波兰地区，而 V-1 和 V-2 的生产则转移到德国中部图林根州（Thüringen）距诺德豪森城（Nordhausen）4 km 处的孔斯坦（Kohnstein）山，建设地下火箭工厂——"米特尔维克"（Mittelwerk）[②]。这样，佩内明德的陆军研究中心、波兰的火箭试验场、米特尔维克地下火箭工厂三者构成了火箭研究、试验和生产的体系[③]。

位于波兰的火箭试验场选择在布利兹纳炮兵靶场（Blizna Artillery Target Field），地处登比察（Dębica）的东北部，热舒夫（Rzeszów）以西 50 km，邻近布利兹纳村。它实际上是一个测试与培训基地，其目的在于继续 V-2 的

[①] 埃里克·伯高斯特著，陈安全等译. 现代航天之父：布劳恩 [M]. 上海：上海译文出版社，1982: 16. 180 英里约等于 290 千米。

[②] 此处为音译，直译即为"中部的工厂"。

[③] 此外，柏林地区参与火箭研制的机构和公司还有德国航空研究所（DVL）以及西门子（Siemens）、阿斯卡尼亚（Askania）、洛伦茨（Lorenz）、卡尔·蔡司（Carl Zeiss AG）、罗德与施瓦茨（R&S）、莱茵金属－博尔西希（Rheinmetall-Borsig）、宝马（BMW）、哈德曼·布朗（H&B）、李斯特（List）、德国通用电气（AEG）、蓝宝（Blaupunkt）等公司的工厂和试验室。大学的许多教授也参与了火箭研制。

从模仿到创新
——苏联液体弹道火箭技术的发展（1944—1951）

试验，研究 V-2 空中损毁的原因，并训练士兵进行发射。V-2 本来是向布格河（Bug）河岸弯曲处的北偏东北方向发射，但只有很少数能达到目标区域，多数落在其他位置或者在空中爆炸。V-2 装有自动控制系统，原理上可以控制火箭的远程飞行。经过反复测试，一些设计缺陷不断被克服，火箭射程达到 300~320 km，终于在 1944 年 1 月投入批量生产，但可靠性和精度仍不够理想。

诺德豪森附近的地下火箭工厂实现了 V-2 的大批量生产（图 2-4）。这个工厂利用山区地形的优势，开凿出 4 条长约 3 km 的水平通道，并通过 44 条横向巷道连接起来。每条坑道都是一个独立的装配车间，V-2 只占用了其中一条通道[1]。通道内除进行 V-2 的生产和装配外，还可进行总装前的通电检测和试验、箭体的水平测试以及总体垂直试验。地下火箭工厂的总厂长由里克华（Rikhau）工程师担任，他负责 V-2 的设计和生产。扎瓦茨基（Zavatskiy）担任工厂的生产主任，负责火箭的生产和整体装配。按照劳动义务规定，德国通用电气公司、西门子公司、莱茵金属 - 博尔西希、狄那米特诺贝尔公司（DE）和克虏伯公司（Krupp）等向地下火箭工厂派出了 9 000 名熟练工人，另有来自不同集中营的 30 000 名以上囚犯到这里劳动[2]。诺德豪森火箭工厂也曾遭到盟军的轰炸，但地下工厂并未受损，每昼夜可生产 30 枚 V-2[3]。

---

[1] 其余 3 条通道分别用于生产 BME-003 型涡轮发动机、JUMO-004 型涡轮发动机以及 V-1 巡航导弹。

[2] Черток Б Е. Ракеты и люди.От самолетов до ракет [M]. Москва: Издательство РТСофт, 2010: 231.

[3] Черток Б Е. Ракеты и люди.От самолетов до ракет [M]. Москва: Издательство РТСофт, 2010: 231.

第二章　苏联对德国火箭技术的争夺（1944—1945）

图 2-4　诺德豪森 V-2 地下工厂[①]

当然，苏联人是逐步认识德国这个火箭技术与工业体系的。1946 年 9 月，近卫火箭炮兵部队[②]副总指挥索科洛夫（А.И. Соколов）将军写成关于德国喷气武器的工作报告[③]，较为详细地记述了德国喷气武器研究的历史，行政、科研和试验场的组织机构，火箭武器领域的主要公司以及试验工作等，成为苏联考察德国火箭研发系统的一个重要阶段性成果。

三、V-2 火箭技术概述

火箭武器是与传统火炮完全不同的技术，遵循着新的科学原理。火箭武器的研制工作开始并不顺利。一方面，德国官方对火箭武器的政策摇摆不

---

① Из отчета комиссии генерал-майора инженерно-артиллерийской службы А.И.Соколова об изучении германского реактивного вооружения [А]. Ивкин В И, Сухина Г А.Задача особой государственной важности. Из история создания ракетно-ядерного оружия и Ракетных войск стратегического назначения（1945—1959гг）. Москва: РОССПЭН, 2010: 80-108.

② 近卫火箭炮兵部队（ГМЧ）是二战中苏联新组建的部队，根据斯大林的命令，所有前线的喀秋莎火箭炮都统一到这个部队下。

③ Из отчета комиссии генерал-майора инженерно-артиллерийской службы А.И.Соколова об изучении германского реактивного вооружения [А]. Ивкин В И, Сухина Г А.Задача особой государственной важности. Из история создания ракетно-ядерного оружия и Ракетных войск стратегического назначения（1945—1959гг）. Москва: РОССПЭН, 2010: 80-108.（炮兵少将索科洛夫关于德国喷气武器研究的工作报告）

从模仿到创新
——苏联液体弹道火箭技术的发展（1944—1951）

定，未给予足够的支持；另一方面，研究也没有明确方向。军方高层因不了解火箭技术的前景，无法规划这种武器的性能和应用，在 1932—1945 年都未对这项工作提出过明确的书面要求①。由于没多少现成的技术可供冯·布劳恩的研究小组借鉴，许多问题都要从基本原理开始解决。研究小组从实验火箭入手，为大型火箭的研制奠定了技术基础。

1936 年初，多恩伯格和冯·布劳恩等人开始考虑研制大型实用化的 A-4 火箭，即后来命名的 V-2 火箭。他们以当时威力最大的德制"巴黎大炮"（Paris-Geschütz）②为参照，确定了 A-4 火箭最初的性能参数。火炮专家多恩伯格据此提出火箭的技术指标："第一次世界大战（时）发展出了'巴黎大炮'，能把直径 21 厘米、装药 22 磅的炮弹发射到 125 千米，新的火箭应当携带 1 吨炸药，飞行两倍于此的距离，即 250 千米"③，它应符合公路、乡间道路和远距离铁路运输的条件，其最大尺寸应按照欧洲隧道和铁路的转弯曲率来确定。经初步计算，火箭包括尾翼在内的宽度应不超过 2.74 m，总长不超过 12.80 m④。据此研究人员又推算出一系列技术指标，如火箭总重、推力、发射精度和燃料的燃烧速度等。这些指标成为 A-4 火箭设计的基本依据。

参与 A-4 火箭研究的核心人员是各领域的优秀科学家和工程师，他们被称为佩内明德团队（Peenemünde Team）。多恩伯格是火箭计划的总负责人，冯·布劳恩（图 2-5）领导各系统的总体协调和设计。里德尔（W. Riedel）、赫尔曼（R. Hermann）、施泰因霍夫（E. Steinhoff）和泰尔分别负责火箭设计、风洞建设与空气动力学研究、制导和控制问题，以及火箭发动机研制。鲁道夫（A. Rudolph）管理佩内明德样品车间，并安排 A-4 火箭的生产。一些著名教授也参与了火箭研制，他们多来自德累斯顿（Dresden）、达姆施塔特（Darmstadt）和柏林的高等技术学校，工作主要集中在导航、控制和推进

---

① Dornberger W R. The German V-2. Technology and Culture [J]. 1963, 4（4）: 393-409.
② 第一次世界大战中德国用来轰击巴黎的一门火炮，亦称为威廉皇帝炮（Kaiser-Wilhelm-Geschütz）。
③ 李成智. 通向宇宙之路：跨世纪的航天技术 [M]. 武汉：湖北教育出版社, 1997: 58-59.
④ Dornberger W R. The German V-2. Technology and Culture [J]. 1963, 4（4）: 393-409.

领域①。众多机构和公司也得到火箭研制的任务或订单。

图 2-5　冯·布劳恩（1929 年）②

作为大型火箭，A-4 火箭与之前的实验火箭相比有很大的技术跨越，研制中遇到许多前所未有的难题，涉及大量的基础理论和实验技术问题。由于相关的研究文献稀少，研制者们决定由基础研究入手，从各方面探索大型火箭所需的技术。他们集中解决了高速空气动力学设计、大推力发动机设计、燃烧控制、推进剂控制、喷注器设计和弹道控制等一系列重大问题③，实现了许多技术突破。

在空气动力学设计方面，不仅遇到了气动稳定问题，还遇到了全新的超音速空气动力学及气动加热问题。在亚琛高等技术学校（Technische Hochschule Aachen）专家的帮助下，赫尔曼等人进行了 A-3 和 A-5 火箭的风洞试验，通过在火箭尾部安装小翼面的方法，保证了箭体在超音速飞行中的稳定性。利用佩内明德火箭研究中心的超音速风洞实验室，他们对 A-4 火

---

① Michael J N. Von Braun: Dreamer of Space, Engineer of War [M]. New York: Vintage Books, 2008: 117.

② Bode V, Kaiser G. Building Hitler's Missiles:Traces of History in Peenemünde [M]. Berlin: Christoph Links Verlag, 2008: 16.

③ 李成智. 中国航天技术发展史稿（上）[M]. 济南：山东教育出版社，2006: 17.

从模仿到创新
—— 苏联液体弹道火箭技术的发展（1944—1951）

箭模型做了大量理论研究和试验，包括箭体在低速和高速飞行状态下的稳定性、不同形状和布局中超音速流的压力分布、各种速度喷气流对压力的影响，以及飞行中温度对箭体的影响等。全面细致的空气动力学研究取得了大量重要成果，仅超音速风洞测试中得到的亚音速到超音速 M10 流速下的数据就超过 10 万个[①]。根据这些数据，研制者详细设计了箭体，特别是解决了稳定尾翼设计和材料选择等问题。火箭试验结果证明了其具有良好的气动设计和稳定性。在某种程度上可以说，A-4 火箭开创了超音速空气动力学的实验研究[②]。

泰尔等人在发动机（图 2-6）的燃料供给、燃烧室、喷注器、燃烧室冷却等设计方面做出了代表当时最高水平的创新[③]。他们放弃用燃料箱增压的传统办法，而采用涡轮泵为发动机输送液氧和浓度为 75% 的酒精，其工作原理是：使分别装在两个小箱里的过氧化氢和高锰酸钾经过气体发生器形成蒸汽，蒸汽推动涡轮，驱动离心泵，将液氧和酒精分别从贮箱中抽出，压入燃烧室，使其雾化、混合和燃烧。精心设计的燃烧室由厚 2.5 mm 的钢板焊接而成，采用球形结构，容积较大。为了实现可靠燃烧，燃烧室头部设置 18 个喷注器，呈两圈排列，外圈 12 个，内圈 6 个。喷注器要求精确控制液氧和酒精的流量，其设计、计算、试验和改进经历了长期的试错过程。燃烧室采用薄膜冷却法，即将少量酒精经燃烧室侧面的管道低速喷入，在其内壁形成一层薄膜，隔绝内壁与高温区域。这个巧妙的设计解决了发动机冷却的难题。此外，发动机尾喷管设计为螺旋形，大大提高了膨胀比。

---

① 顾涌芬，史超礼. 世界航天发展史 [M]. 郑州：河南科学技术出版社，2000: 82.
② 李成智. 通向宇宙之路：跨世纪的航天技术 [M]. 武汉：湖北教育出版社，1997: 59.
③ 顾涌芬，史超礼. 世界航天发展史 [M]. 郑州：河南科学技术出版社，2000: 82.

第二章　苏联对德国火箭技术的争夺（1944—1945）

图 2-6　A-4（即 V-2）火箭发动机[①]

火箭制导与控制系统异常复杂，成为 A-4 火箭研制的一个关键环节。施泰因霍夫等为此做出许多开创性的工作，如按照飞行轨迹的设计，使火箭以垂直方式发射，短时间飞行后向目标方向逐渐缓慢倾斜，达到最大速度且偏转到与水平方向呈 44°角时发动机关机，后半程以无动力、无控制的自由飞行状态抵达目标区。其主要控制方法是，一个三轴陀螺平台通过变换放大器等，作用于火箭尾部的可控气动翼和燃气舵，实现对火箭飞行姿态的制导、控制和稳定。可控气动翼在大气层里起作用，而燃气舵则在大气层外起作用。由于燃气舵处在喷口高温区，故用高强度的石墨材质制作。平台式惯

[①] Matthias U. Stalins V-2: Der Technologietransfer der deutschen Fernlenkwaffentechnik in die UdSSR und der Aufbau der sowjetischen Raketenindustrie 1945 bis 1959 [M]. Bonn: Bernard & Graefe-Verlag, 2001: 45.

从模仿到创新
——苏联液体弹道火箭技术的发展（1944—1951）

性陀螺仪是控制系统的核心，它开创了现代惯性导航之先河①。此外，用于火箭飞行轨迹的校正与测控的还有无线电遥控技术，即"维多利亚－夏威夷"（Viktorija/Hawaii）横向无线电校准系统②。其中，"维多利亚"为箭载接收装置，"夏威夷"为地面发射装置。"墨西拿-1"（Messina-1）无线电遥测系统也是箭载装置，用于无线电遥测，记录和传输火箭飞行数据。

  1942年夏，A-4火箭制造告竣（图2-7和2-8）。这种单级液体火箭呈流线型，全长14.03 m，箭体最大直径1.66 m，底部连同尾翼在内宽3.56 m，重约13 t。火箭由弹头、控制设备舱、燃料舱和尾段四部分组成。锥形弹头长2.01 m，重约1 t，由6 mm厚的软钢制成③。弹头装载的阿马托炸药（Amatol）④对热和冲击的敏感性低，通过撞击式引信起爆。控制设备舱长1.41 m，除装有仪表外，还装有压缩氮钢瓶，用于提高燃料箱中的压力。燃料舱总长6.21 m，是火箭上容积最大、最重的部分，在注满燃料的情况下，重量约占火箭总质量的2/3。燃料舱分为2个燃料箱，上部为酒精箱，下部为液氧箱。一根导管从酒精箱中引出，穿过液氧箱，向燃烧室输送燃料。在两个燃料箱之间，以及它们与火箭外壳之间充填玻璃纤维，起隔热作用。尾段内部主要有涡轮泵机组、带动涡轮的蒸汽发生器、两个分别装有过氧化氢和高锰酸钾的小箱，以及火箭发动机。尾段外部对称配置了4个稳定翼片，翼片长3.95 m，尾翼后缘均装有可控气动翼，火箭底端喷口处还对称安有4个燃气舵，它们都用于调整飞行姿态⑤。

---

① 李成智. 通向宇宙之路：跨世纪的航天技术［M］. 武汉：湖北教育出版社，1997: 60.
② 因这项技术容易受到盟军的无线电干扰，故V-2火箭应用于战场时并没有装配此系统。
③ 李成智. 通向宇宙之路：跨世纪的航天技术［M］. 武汉：湖北教育出版社，1997: 61.
④ 这种炸药是由硝酸铵和三硝基甲苯组成的烈性混合炸药。在第一次世界大战和第二次世界大战中，阿马托作为空投炸弹、弹药、深水炸弹和水雷的原材料被广泛使用。
⑤ 李成智. 通向宇宙之路：跨世纪的航天技术［M］. 武汉：湖北教育出版社，1997: 61.

第二章 苏联对德国火箭技术的争夺（1944—1945）

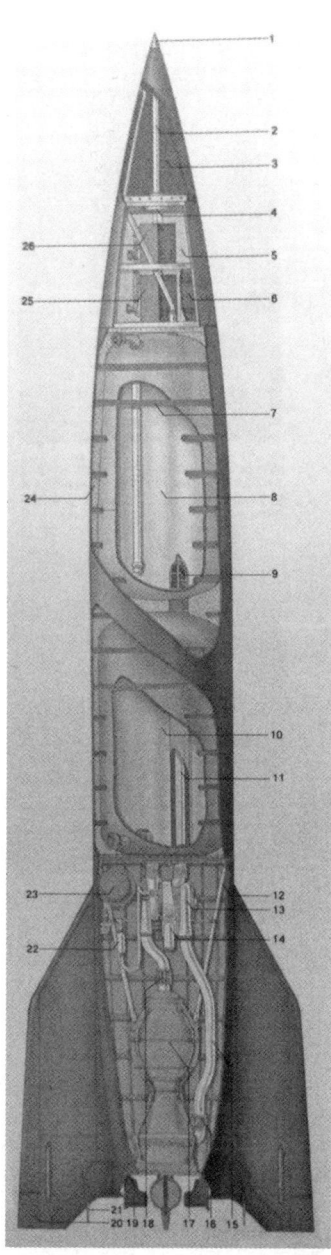

1—头锥引信
2—引信管道
3—弹头
4—主电气引信
5—层压隔舱
6—氮气瓶
7—结构框架
8—酒精+水贮箱
9—酒精伺服阀
10—液氧贮箱
11—隔离的酒精供应管道
12—推力构件
13—涡轮泵
14—燃气涡轮
15—推力室再生冷却的燃料输送管
16—主燃料阀
17—燃烧室
18—主液氧阀
19—石墨燃气舵
20—可控气动翼
21—天线
22—启动阀门的喷流装置
23—过氧化氢贮箱
24—玻璃棉隔离层
25—制导波束和无线电控制设备
26—制导舱

图2-7 A-4（即V-2）火箭剖面图[①]

[①] Kenneth G, Arthur C C. The Illustrated Encyclopedia of Space Technology: a Comprehensive History of Space Exploration [M]. New York: Harmony Books, 1981: 19. 此书的中文译本见顾诵芬，史超礼. 世界航天发展史 [M]. 郑州：河南科学技术出版社，2000.

从模仿到创新
——苏联液体弹道火箭技术的发展（1944—1951）

图 2-8　V-2 火箭[①]

A-4 火箭工程繁杂。除火箭外，还有一系列配套设施的研制和其他工作，如固定式发射台、车载机动式发射台、燃料加注设施、供电设施、无线电接收站、地面观测站、规模化生产及装备部队等。固定式发射台即地下掩体，但容易被发现。德国人实际采用较多的是车载机动式发射台，即"梅勒瓦根拖车"（Meillerwagen）（图 2-9）。它是一个固定在支架上的万向环，上面装有点火装置，可将火箭从水平发射状态转成垂直发射状态。另外，德国人还制成指挥发射的"发射-控制装甲车"（Panzerwagen）（图 2-10）。

---

① Bode V, Kaiser G.Building Hitler's Missiles:Traces of History in Peenemünde [M]. Berlin: Christoph Links Verlag, 2008: 37.

第二章 苏联对德国火箭技术的争夺（1944—1945）

图 2-9 梅勒瓦根拖车[1]

图 2-10 发射 – 控制装甲车[2]

---

[1] Bode V, Kaiser G. Building Hitler's Missiles: Traces of History in Peenemünde [M]. Berlin: Christoph Links Verlag, 2008: 88.

[2] Bode V, Kaiser G. Building Hitler's Missiles: Traces of History in Peenemünde [M]. Berlin: Christoph Links Verlag, 2008: 89.

从模仿到创新
——苏联液体弹道火箭技术的发展（1944—1951）

图 2-11　V-2 第一次试验发射成功（佩内明德，1942 年）[①]

1942 年 10 月 3 日，A-4 火箭在佩内明德试验发射成功（图 2-11），后经多次试验和改进，最大射程达到 300～320 km。总体看来，V-2 火箭是一种不够成熟的新式武器。可以说，德国人解决了推进和弹道问题，但没有解决自动控制问题。由于战时急需，V-2 火箭匆忙上阵前，许多技术难题还未解决好，这包括：火箭发动机内两种燃料的混合比精度不高，燃烧不稳定；自动控制系统不够完善，异常复杂、笨重，精度也不高；弹头引信的可靠性低，无法精确地控制爆炸点离地面的距离，以致于火箭或者在飞行中因某种干扰和振动提前爆炸，或者直至钻入地下后才爆炸；V-2 火箭的结构设计也不是很好，结构重量还有较大的减轻空间。这些不足，尤其是控制系统的缺陷，自然成为后续改进 V-2 火箭技术的突破口。

---

① Bode V, Kaiser G. Building Hitler's Missiles: Traces of History in Peenemünde [M]. Berlin: Christoph Links Verlag, 2008: 10.

第二章　苏联对德国火箭技术的争夺（1944—1945）

第二节　夺取波兰试验场的 V-2 火箭

二战末期，苏联首次得到德国火箭在波兰试验发射的情报。以此为契机，苏联人立即奔赴波兰考察，实地接触到先进的德国火箭技术，展开对 V-2 的争夺与研究，进而筹划恢复与仿制。

一、英国人的礼物——丘吉尔的信

英国在 1944 年 6 月 13 日首次遭到德军 V-1 火箭的袭击，9 月遭到 V-2 的攻击。V-2 火箭及其所载弹头的重量成为英国专家猜测和争议的话题，它所带来的威胁使英国高层十分焦虑[1]。英国首相丘吉尔（W. Churchill，1874—1965）于 1944 年 7 月 13 日给他的盟友、苏联最高领导人斯大林（И.В. Сталин，1878—1953）写了一封求援的绝密电报，请求得到苏军的帮助，允许英国专家前往波兰登比察的火箭试验场[2]。丘吉尔写道[3]：

> 1. 有可靠消息称，在一段相当长的时间里，德国人在波兰的登比察试验场进行了火箭飞行试验。根据我们的情报，这个炮弹携带重约 12 000 磅[4]的炸药。我们对策的有效性在很大程度上取决于，在这个武器向我们发射之前，如何能更多地了解它。登比察就在您的胜利之师进军的道路上，最近几周内您完全有可能控制这个地点。

---

[1] 温斯顿·丘吉尔.第二次世界大战回忆录 6：胜利与悲剧 [M]. 第 2 版. 张师竹，徐崇信译. 海口：南方出版社，2005: 2525.

[2] Черток Б Е. Ракеты и люди.От самолетов до ракет [M]. Москва: Издательство РТСофт, 2010: 236.

[3] 俄文原文见本书附录 1。1944 年，就英国专家参与登比察火箭试验场考察事宜，丘吉尔与斯大林互通 6 封电报。见 Черток Б Е.Ракеты и люди.От самолетов до ракет [M]. Москва: Издательство РТСофт, 2010: 237.

[4] 即约 5.44 t。1 磅约等于 0.453 6 千克。

从模仿到创新
——苏联液体弹道火箭技术的发展（1944—1951）

2. 虽然德国人在登比察几乎肯定会破坏或者运走尽可能多的设备，但俄罗斯人得到该地区之时，将有可能获得大量的信息。特别是，我们希望了解火箭是怎样发射的，这将帮助我们确定火箭发射点。

3. 因此，斯大林元帅，如果您能适当地指示，您的部队控制这些区域之后，保护登比察的那些仪器和设备；如果您还能为我们的专家提供研究这个试验场的可能性，我不胜感激。

英国人的情报引起了苏联对德国火箭技术的高度关注。斯大林允许英国专家考察试验场，但并不像丘吉尔希望得那么快。斯大林一方面将此情报转给武装力量总参谋部，乌克兰前线总指挥科涅夫（И.С. Конев）将军奉命率部队于7月29日开始进攻德国火箭试验场所在地——波兰桑多梅日（Sandomierz）据点，陆军情报部队奉命搜查登比察区域；另一方面，责令航空工业人民委员部[①]人民委员沙胡林（А.И. Шахурин）组织一批苏联专家随军急赴波兰考察，希望在英国专家到达前就找到德国研制新火箭武器的技术资料和实物。

不管英国人从苏军那里受益多少，但是，丘吉尔的信为苏联争夺德国火箭技术提供了关键线索，刺激苏联再次投入火箭研制工作中[②]。切尔托克认为，如果没有丘吉尔的信，苏军将在不知情的情况下通过布利兹纳村；如果没有英国专家带来的火箭发射点和落点位置坐标图[③]，搜索 V-2 就不会如此高效。

[①] 航空工业人民委员部（НКАП）：苏联核心管理机构之一，存在于1939—1946年，负责航空工业的管理。这个委员部是根据1939年1月11日苏联最高苏维埃主席团命令，由苏联国防工业人民委员部（НКОП）拆分出的。当时国防工业人民委员部被拆分为四个人民委员部：航空工业人民委员部、造船工业人民委员部、装备人民委员部和弹药人民委员部。人民委员相当于部长。

[②] Черток Б Е. Ракеты и люди. От самолетов до ракет [M]. Москва: Издательство РТСофт, 2010: 24. 由于大清洗运动，从1937年开始苏联火箭技术工作的发展实际上被抑制了。

[③] 该位置坐标是波兰游击队告知英国人的。

二、赴波兰考察

按照斯大林的命令,谢罗夫(И.А. Серов)将军率领一支由 8 名苏联专家组成的小组,于 8 月 5 日跟随苏军乌克兰前线第一军进入被解放的布利兹纳地区。苏联专家小组由航空工业人民委员部的专家和第 60 集团军的军事专家组成。其中,波别多诺斯采夫、中校工程师索尔金(Р.Е. Соркин)、中校工程师吉洪拉沃夫、少校工程师切尔内绍夫(Н.Г. Чернышев)以及舍赫特马恩(М.О. Шехтман)属于航空工业人民委员部[①]。波别多诺斯采夫和吉洪拉沃夫来自航空工业人民委员部第 1 科学研究所,是苏联第一批火箭技术研究小组的领导者。

苏联考察组在波兰工作了一周左右,英国专家才与他们会合,带来了登比察地区的详细地图,标注出发射点和大量火箭着落点的坐标,这些信息对考察工作起了很重要的作用。苏、英专家仔细搜查试验场、计划生产武器的热舒夫,以及弹着点区域,涉及尼维斯卡(Niwiska)、科尔布绍瓦(Kolbuszowa)、拉斯科维采(Laskowice)、索科武夫(Sokołów)和斯奇茹夫(Strzyżów)等地(图 2-12)。尽管德国人已经转移运走了试验场大部分设备,但是,考察专家们还是找到一些有价值的东西,包括火箭发动机残骸、燃料箱碎片、石墨舵、蒸汽气体发生器、惯性装置的重要部件、无线电设备和执行机构的自动化零件、控制和稳定机构的外壳,以及保存完好的涡轮泵组[②]。

[①] 事实上,在近年来的俄文出版物中,对于这个考察小组成员的组成和数量,说法并不统一。最可靠的关于这支队伍的信息来自航空工业人民委员部第 1 科学研究所所长费奥多罗夫(П.И. Федоров)少将给航空工业人民委员沙胡林的报告中所提到的,即《完成特殊任务的参加者名单》,本书采用了这个数据。其他几位考察参加者是:第 60 集团军的费多修克(Ю.А. Федосюк)中尉、齐库诺夫(Ф.И. Цикунов)少校和伊万诺夫(Н.М. Иванов)大尉。见 Кантемиров Н Б. Первая советская экспедиция на немецкий ракетный полигон в Польше(1944 г.)[А]. ИИЕТ РАН, Юбилейная научная конференция, посвященная 65-летию победы в великой отечественной войне. Москва: Подольская Периодика, 2011: 138-145.

[②] Кантемиров Н Б. Первая советская экспедиция на немецкий ракетный полигон в Польше(1944 г.)[А]. ИИЕТ РАН. Юбилейная научная конференция, посвященная 65-летию победы в великой отечественной войне. Москва: Подольская Периодика, 2011: 141.

从模仿到创新
—— 苏联液体弹道火箭技术的发展（1944—1951）

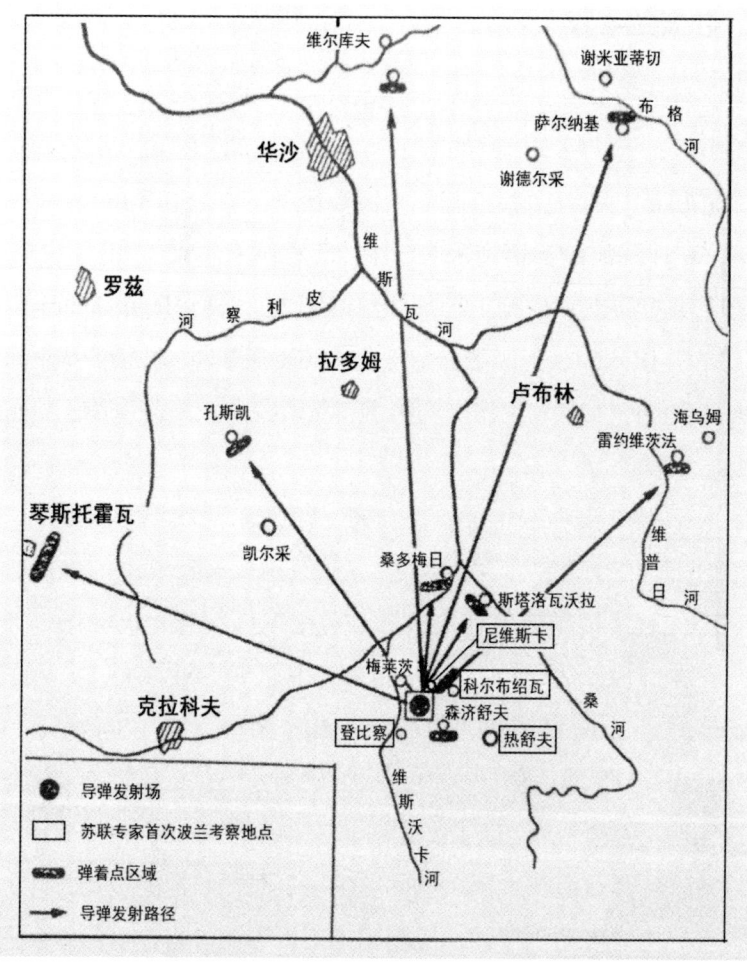

图 2-12　苏联专家在登比察火箭试验场考察示意图[①]

根据得到的第一批火箭的残骸，考察专家确认找到的零部件属于德国的"新型喷气弹"，当时苏联人还不知它的编号为 V-2。苏联专家对德国的技术感到"震惊"，因为这种火箭的直径竟然达到 1 650 mm。当时苏军喀秋莎火箭炮系列中的 M-31 重型火箭弹直径仅有 300 mm[②]，苏联人"没想象

---

① 译自 Bode V, Kaiser G.Building Hitler's Missiles:Traces of History in Peenemünde [M]. Berlin: Christoph Links Verlag, 2008: 61.

② Постановление Совета Министров СССР Вопросы реактивного вооружения [A].Под ред. Батурина Ю М. Советская космическая инициатива в Государственных документах 1946—1964гг. Москва: Издательст-во РТСофт, 2008: 30-36.（苏联部长会议《喷气武器问题》决议）

58　科技史新视角研究丛书

第二章 苏联对德国火箭技术的争夺（1944—1945）

过那么大尺寸的液体火箭发动机"①。V-2 攻击力比 M-31 大 125 倍。V-2 弹着点的弹坑深达 15 m，直径在 25～30 m 之间②。苏联考察组及时向国内上级报告工作进展。比如，第 1 科研所所长费奥多罗夫致函上级领导国防委员会（ГКО）③委员马林科夫（Г.М. Маленков）和航空工业人民委员部人民委员沙胡林，报告小组完成波兰试验场区域的第一次检查和火箭残片收集的情况：

> 8 月 18 日结束了布利兹纳地区的调研。德国人从这里彻底运走了所有东西。现在我们没有怀疑了，这是一个尚未建完的培训—测试试验场。显然，它是联合企业的一部分，其中心在森林地带，即克察诺维斯卡（Kochanowka）东边的车站。很可惜，这个位置尚在敌人控制中。
>
> 我们在布利兹纳找到一个可用发射装置的底座和一个未完成的底座，在垃圾中找到了战俘穆察克（Mutsak）在莫斯科所说的"С""Т"实物的包装材料样品，在田野中还找到科里舍尔（Kolsher）口供中提及的石墨稳定器。这些事实迫使我们特别关注德国人在这个地方所做的火箭工作，这也许就是科里舍尔当时所做的工作。将找到的物件、照片和各种文件寄给您。很可惜，还没找到所有发射装置和飞行器的结构图。耐心地等待我们部队在车站和克察诺维斯卡区的工作，希望那里有我们需要的，并能找到托付给我们的任务。请原谅，（信）很简短，所有工作都是在野外条件下进行的。不得不在德国小油灯下写信，黑暗比光亮还多。切尔内绍夫可以讲述详情。④

---

① Черток Б Е. Ракеты и люди. От самолетов до ракет [M]. Москва: Издательство РТСофт, 2010: 238.

② Кантемиров Н Б. Первая советская экспедиция на немецкий ракетный полигон в Польше (1944 г.) [A]. ИИЕТ РАН. Юбилейная научная конференция, посвященная 65-летию победы в великой отечественной войне. Москва: Подольская Периодика, 2011: 141.

③ 国防委员会（ГКО）：是二战时苏联建立的紧急管理机构，存在于 1941 年 6 月 30 日至 1945 年 9 月 4 日。斯大林任委员会主席，贝利亚（Л.П. Берия）和莫洛托夫（В.М. Молотов）任副主席，下设 3 名委员，马林科夫是其中之一。此外，马林科夫还是苏共中央委员会委员、苏共中央政治局委员。

④ Кантемиров Н Б. Первая советская экспедиция на немецкий ракетный полигон в Польше (1944 г.) [A]. ИИЕТ РАН. Юбилейная научная конференция, посвященная 65-летию победы в великой отечественной войне. Москва: Подольская Периодика, 2011: 139.

由费奥多罗夫的语气推断，应该是在波兰工作的切尔内绍夫等人写信向莫斯科的研究所汇报情况，由所长再写信转述给上级的。

考察组找到的所有物品和资料都被分批运回莫斯科的第 1 科研所。9 月 4 日，苏联小组和英国专家结束第一次考察，一起离开波兰试验场，前往莫斯科。英国专家收集的几箱无线电设备和仪器仪表控制系统先运到莫斯科，再转运英国。由于高度保密，一开始这些东西被运到第 1 科研所后只有所长及其副手才有权限查看。后来，伊萨耶夫（А.М. Исаев）、切尔托克、皮柳金（Н.А. Пилюгин）、米申（В.П. Мишин）等几位专家才被允许查看。切尔托克和皮柳金，以及两名工程师还奉命连夜检查了英国人收集到的设备。

三、V-2 的复原与筹划仿制

回到莫斯科后，苏联考察组和第 1 科研所及时拟订并向航空工业人民委员部第一副人民委员杰缅季耶夫（П.В. Дементьев）提交自己的火箭研制计划——《第 1 科学研究所专门组合件研究计划》。杰缅季耶夫对此计划加以修改，规定了完成期限并于 9 月 14 日签署计划书（表 2-1），开始准备下一步由沙胡林主持的会议。

表2-1　《第1科学研究所专门组合件研究计划》主要工作阶段安排[①]

完成时限	工作内容
9月18日	提交组合件尺寸、功率、结构装置和战术数据的初步结论
10月10日	详细研究所有零件、组合件，绘制布置图及电路图，进行理论计算和生产分析，编写组合件单独元件的专家结论
10月15日	制作组合件布置图和电路图的统一图册，详细说明最终结果和结论

9 月 18 日，第 1 科研所所长费奥多罗夫及考察组成员波别多诺斯采夫、吉洪拉沃夫、索尔金、切尔内绍夫完成一份俄文 24 页的翔实的初步结论报

---

① 整理自文献：Кантемиров Н Б. Первая советская экспедиция на немецкий ракетный полигон в Польше（1944 г.）[A]. ИИЕТ РАН. Юбилейная научная конференция, посвященная 65-летию победы в великой отечественной войне. Москва: Подольская Периодика, 2011: 141.

第二章　苏联对德国火箭技术的争夺（1944—1945）

告。他们认为必须直接汇报考察期间的工作和成果，因此报告虽先提交给沙胡林，但却是直接致斯大林的。

这份报告不仅做出考察结论，还向苏联高层决策者提出重要建议。报告将德国火箭与苏联的M-31喀秋莎火箭弹做比较，说明德国火箭的技术参数、用途与可能的威力，建议不仅紧急组织全面的研究，还要加强对德国火箭武器和生产中心的侦察，在英国代表团撤离后必须将考察范围扩大到尼维斯卡和科尔布绍瓦以北地区。报告强调，确定发动机燃料种类对苏联有特别重要的意义，可帮助苏联确定生产这种武器的可能性与路径。

9月19日，沙胡林召开"组合件初步结论总结"的专题会议，听取专家们拟定的《第1科学研究所专门组合件研究计划》及其初步执行情况的汇报。会议成员情况具体如表2-2所示。

表2-2　　　"组合件初步结论总结"专题会议成员简要介绍[①]

会议参加者	生卒年	所属机构	职务或专长
费奥多罗夫	1898—1945	第1科学研究所	所长，曾任空军科学研究所所长，主持试验苏联第一架装有液体火箭发动机的歼击机比-1（БИ-1）
博尔霍维季诺夫	1899—1970	第1科学研究所	费奥多罗夫的科研助手，战时曾领导研制苏联第一架装有液体火箭发动机的歼击机比-1
切尔内绍夫	1906—1953	第1科学研究所	化学实验室主任，从事液体火箭燃料研究，波兰考察参加者之一

① 为较准确分析会议成员背景，表中所注各位专家职务或从事领域均为参与此次组合件研究时担任职务及此前的研究领域。表中前文未出现的俄文人名、机构名统一标注如下：米库林（А.А. Микулин）、斯捷奇金（В.С. Стечкин）、300号工厂（Завод № 300）、希什金（С.Н. Шишкин）、赫里斯季安诺维奇（С.А. Христианович）、中央茹科夫斯基流体动力研究所（ЦАГИ）、全苏航空材料科学研究所（ВИАМ）、图马诺夫（А.Т. Туманов）、中央航空发动机制造研究所（ЦИАМ）、波利科夫斯基（В.И. Поликовский）、切洛梅（В.Н. Челомей）、彼得罗夫（Н.И. Петров）、热姆丘任（Н.А. Жемчужин）。参见：Качур П. Истоки отечественного твердотопливного ракетостроения [J]. Техника и вооружение, 2006（8）：7-13. Павлихин Г П, Базанчук Г А. Выдающиеся воспитанники МГТУ им. Н.Э.Баумана. 1868—1930 [M]. Москва: Изд-во МГТУ им.Н.Э.Баумана, 2010: 169-299. Под ред. Ю.М.Батурина. Советская космическая инициатива в государственных документах 1946—1964гг.[M]. Москва: Издательство РТСофт, 2008: 356-406.

从模仿到创新
——苏联液体弹道火箭技术的发展（1944—1951）

（续表）

会议参加者	生卒年	所属机构	职务或专长
波别多诺斯采夫	1907—1973	第1科学研究所	喷气科学研究所领导者之一，二战时参与研制M-31等喀秋莎火箭弹，战后从事火箭发动机和固体燃料研究，波兰考察参加者之一
吉洪拉沃夫	1900—1974		喷气科学研究所领导者之一，火箭技术专家，波兰考察参加者之一
杜什金	1910—1990		火箭发动机设计师
伊萨耶夫	1908—1971		第1科研所设计局总设计师，航空和火箭发动机专家
米库林	1895—1985	300号工厂	300号工厂总设计师、航空发动机总设计师，工程技术兵少将，苏联科学院院士，斯大林奖金、社会主义劳动英雄称号获得者。1934—1944年领导研制了7种不同的航空发动机
斯捷奇金	1891—1969		航空发动机总设计师，米库林的亲密合作者，曾任中央茹科夫斯基流体动力研究所副所长
希什金	1902—1981	中央茹科夫斯基流体动力研究所	所长，教授
赫里斯季安诺维奇	1908—2000		副所长、试验室主任，力学领域专家，苏联科学院院士
图马诺夫	1909—1976	全苏航空材料科学研究所	所长，苏联著名材料学家，航空少将

第二章　苏联对德国火箭技术的争夺（1944—1945）

（续表）

会议参加者	生卒年	所属机构	职务或专长
波利科夫斯基	1904—1965	中央航空发动机制造研究所	所长，兼任航空工业人民委员部第8管理总局局长
切洛梅	1914—1984		力学领域专家，51号试验航空工厂厂长、总设计师
杰缅季耶夫	1907—1977	航空工业人民委员部	第一副人民委员，曾任国防及航空化学建设促进会工厂总工程师
彼得罗夫	1898—1951	—	飞机设备科学研究所所长，1945年带队赴德国考察火箭技术
热姆丘任	—	—	飞机设计师，22号工厂总设计师
舍赫特马恩	—	—	波兰考察参加者之一

从表 2-2 可以看出，参加会议的专家主要来自航空工业人民委员部及其下属第 1 科研所、中央空气动力学研究所、飞机设备科学研究所、全苏航空材料研究院、中央航空发动机制造研究院和 300 号工厂。在专业技术方面，涵盖了航空学、材料学、力学、飞机设备、液体火箭燃料、航空和火箭发动机，以及火箭技术领域。在专家职务方面，参会者是苏联各相关领域的专家、总设计师或是所长，都是各自领域的领导者。除索尔金外，航空工业人民委员部所有参与波兰登比察试验场考察的专家都在其中。此次会议"活跃"了喷气技术的研究[①]。

"组合件初步结论总结"专题会之后，航空工业人民委员部建立了专家组，领导参会机构深入研究德国火箭零部件的结构和特点。专家组成员主要

---

① Кантемиров Н Б. Первая советская экспедиция на немецкий ракетный полигон в Польше (1944 г.) [A]. ИИЕТ РАН. Юбилейная научная конференция, посвященная 65-летию победы в великой отечественной войне. Москва: Подольская Периодика, 2011: 144.

从模仿到创新
——苏联液体弹道火箭技术的发展（1944—1951）

包括杜什金、斯捷奇金、切尔内绍夫、波别多诺斯采夫、赫里斯季安诺维奇、彼得罗夫、图马诺夫和弗洛罗夫（И.Ф. Флоров）[①]。在他们的带领下，研究人员（表2-3左栏）拆卸所有设备和零件，开始进行液体火箭发动机、燃气涡轮机和泵组结构、燃料及其他液体、弹头和炸药、空气动力学与弹道学、自动控制系统、设备材料这几大块的专项分析，最后绘制布置图和电路图，撰写专家结论，并尝试火箭整体组装。此外，为了解组合件及其构造、特点，一些著名航空总设计师也参与到研究中。包括雅科夫列夫、伊柳申、图波列夫、拉沃奇金、米亚西谢夫、叶尔莫拉耶夫、苏霍伊、切特韦里科夫、戈尔布诺夫、什韦茨、克利莫夫以及飞行试验研究所所长切萨洛夫[②]。到1944年11月底，他们完成了技术问题的初步研究[③]。研究表明，德国人已经把化学、物理学、热力学、力学、机器制造和材料学等学科领域的最新成果应用于 V-2。

同时，苏联航空工业人民委员部还组织人力研究如何在本国技术条件下仿造德国火箭产品，它下属的第1科研所所长费奥多罗夫主持这项工作。1944年9月29日，他选定了研究和仿造 V-2 的主要工作方向的主持人（表2-3右栏）。仿造工作以1946年5月13日斯大林签署"喷气武器问题"[④]的政府决议而宣告结束。

---

① 弗洛罗夫（И.Ф. Флоров, 1908—1983）：苏联著名航空设计师，在第1科研所工作，从事不同类型发动机飞行器的发展前景研究。

② 人名统一标注如下：雅科夫列夫（А.С. Яковлев）、伊柳申（С.В. Ильюшин）、拉沃奇金（С.А. Лавочкин）、米亚西谢夫（В.М. Мясищев）、叶尔莫拉耶夫（В.Г. Ермолаев）、苏霍伊（П.О. Сухой）、切特韦里科夫（Н.И. Четвериков）、戈尔布诺夫（В.П. Горбунов）、切萨洛夫（А.В. Чесалов）。

③ Кантемиров Н Б. Первая советская экспедиция на немецкий ракетный полигон в Польше (1944 г.)[A]. ИИЕТ РАН. Юбилейная научная конференция, посвященная 65-летию победы в великой отечественной войне. Москва: Подольская Периодика, 2011: 144.

④ Постановление Совета Министров СССР Вопросы реактивного вооружения [A].Под ред. Батурина Ю М.Советская космическая инициатива в Государственных документах 1946—1964гг. Москва: Издательство РТСофт, 2008: 30-36.

表2-3 "组合件研究"与"仿造筹划"研究内容及人员比较[①]

组合件研究			仿造筹划	
研究内容	主持者	参与者	研究内容	主持者
液体发动机研究	杜什金	伊萨耶夫 梅利尼科夫[②] 切洛梅	发动机和试验台	伊萨耶夫
			发动机及整个系统的设计和计算部分	杜什金
燃气涡轮机和泵组结构研究	斯捷奇金	米库林 波利科夫斯基 德米特里耶夫斯基[③]	涡轮泵和气体发生器	米库林 斯捷奇金
燃料和其他液体研究	切尔内绍夫	—	化学(燃料组元和爆炸物)	切尔内绍夫
弹头和爆炸物研究	波别多诺斯采夫	吉洪拉沃夫		
组合件的空气动力学与弹道学研究	赫里斯季安诺维奇	希什金 索尔金	外部弹道学	索尔金
			空气动力学	吉洪拉沃夫
组合件自动控制研究	彼得罗夫	索尔金 奇奇凯恩[④] 舍赫特马恩	战斗部研究	施瓦茨[⑤]

---

① 整理自文献 Кантемиров Н Б. Первая советская экспедиция на немецкий ракетный полигон в Польше (1944 г.)[A]. ИИЕТ РАН, Юбилейная научная конференция, посвященная 65-летию победы в великой отечественной войне. Москва: Подольская Периодика, 2011: 138-145. 表中前文未出现的俄文名统一标注如下:梅利尼科夫(М.В. Мельников)、德米特риевский(В.И. Дмитриевский)。

② 梅利尼科夫(М.В. Мельников, 1919—1996):液体火箭发动机著名专家。

③ 德米特里耶夫斯基(В.И. Дмитриевский, 1902—1988):中央航空发动机制造研究所总设计师,从事涡轮压缩机结构和航空发动机增压器方面的研究。

④ 奇奇凯恩(Чичикян):名、父称和生卒年未知,来自航空工业人民委员部224工厂。

⑤ 施瓦茨(Л.Э. Шварц, 1905—1945):火箭工程师,曾参与研制喀秋莎火箭弹发射装置。

从模仿到创新
——苏联液体弹道火箭技术的发展（1944—1951）

（续表）

组合件研究			仿造筹划	
研究内容	主持者	参与者	研究内容	主持者
制造组合件的材料研究	图马诺夫	基什金①	—	—
编辑图纸和说明	弗洛罗夫	—	对象的总布置	弗洛罗夫
与弹药人民委员部有关的零件和部件研究	弹药人民委员部的代表		—	—
—			试验场和发射装置	波别多诺斯采夫

通过比较分析"组合件研究"与"仿造筹划"两项工作中研究内容及人员的情况，可以发现：

第一，从事组合件研究的人员基本都参与了仿造筹划工作，而这些研究者都是各自领域中的著名专家，对本国这一领域的生产能力有足够的了解。因此他们在对组合件的各项研究中，能大致推断出苏德技术水平之间的差距。据他们估计，找到的V-2组合件将使仿造过程中设计详细对象的时间缩短7~10年②。

第二，组合件研究与仿造筹划工作内容大致相同，但后者比前者增加了一项工作，即试验场和发射装置的研究。作为发射系统的一部分，这些设施的建设非常重要。如前所述，苏联专家在布利兹纳炮兵靶场的考察中找到一个已完成的和一个未完成的发射装置的底座，这对推进苏联在这方面的研究有直接的帮助。

---

① 基什金（С.Т. Кишкин, 1906—2002）：技术科学博士，金属学领域，以及高强度、耐热材料方面的专家。全苏航空材料科学研究所防护试验室主任。

② Кантемиров Н Б. Первая советская экспедиция на немецкий ракетный полигон в Польше (1944 г.) [A]. ИИЕТ РАН, Юбилейная научная конференция, посвященная 65-летию победы в великой отечественной войне. Москва: Подольская Периодика, 2011: 144.

第二章 苏联对德国火箭技术的争夺（1944—1945）

第三节　争夺德国境内的火箭基地

德国境内的火箭基地是美苏等国争夺 V-2 火箭技术的主要战场。正是在这里，苏联得到了比波兰考察更多更丰富的德国火箭遗产，尽管其数量和质量上与美国得到的不可同日而语，但这些火箭遗产对苏联火箭技术的发展仍是非常重要的。

一、在德国境内的调查

苏联攻入波兰之后，德国继续在本土研制和发射火箭。1944 年 8 月之后，德军继续用 V-2 轰炸英国、比利时等国，仅在英国就造成 2 724 人丧生和 6 476 人受伤，引起很大的恐慌[①]。这使得苏联人更加关注火箭武器的实战效果。1945 年初，波兰游击队在登比察发射场区域又发现新的 V-2 组件。第 1 科学研究所所长费奥多罗夫决定带队去波兰考察。他们乘坐的飞机在去途中失事，费奥多罗夫、无线电技术系统专家与喀秋莎的缔造者之一波波夫（Р.И. Попов）等机上人员全部丧生[②]。

火箭、发动机、控制和航空等方面的苏联技术专家很想知道德国本土的火箭试验基地、火箭发动机制造工艺、可控技术、弹头构造与实际参数、发动机的控制电路、无线电控制等方面的详情。1945 年 4 月，苏联人已经知道德国火箭武器研制的主要中心设在波罗的海沿岸的佩内明德。当时罗卡索夫斯基（К.К. Рокоссовский）元帅的部队正向那里开进。技术专家们希望迅速赶到那里，尽可能找到有价值的仪器、试验台、试验室或是纸质资料，避免

---

① 李成智，李小宁，田大山. 飞行之梦：航空航天发展史概论 [M]. 北京：北京航空航天大学出版社，2004: 227.
② 米申本来也应该在这架飞机上，他是苏联控制系统方面的专家，但最后时刻苏联安全部门的人员没有让他登机。米申的父亲曾因没有检举开斯大林玩笑的人而被投入监狱，因此米申被认为是有国家安全风险的人。

从模仿到创新
—— 苏联液体弹道火箭技术的发展（1944—1951）

被自己的部队破坏。他们不断向上级领导反映获得火箭技术战利品和智力成果的重要性。

苏联火箭专家很担心，如果德国人放弃西线作战，把所有力量投向东线，那么，佩内明德的火箭、柏林的试验室和工厂就悉数成为西线盟军（美军和英军）的战利品。为了占得先机，切尔托克利用与航空部门一些研究所的友好关系，甚至是同学间的私人关系，向飞机设备科学研究所的所长彼得罗夫将军强调这件事的重要性。彼得罗夫征得好友沙胡林的支持，很快获得国防部的特殊检查权，组建了一支 8~10 人的考察队，去调查德国的航空仪器、自动驾驶仪、飞机特种设备、航空武器、飞机无线电探测、无线电导航和通信，这些调查内容显然属于沙胡林领导的航空工业部门。

切尔托克、斯米尔诺夫（В.И. Смирнов）、奇斯佳科夫（Н.И. Чистяков）等火箭专家加入彼得罗夫率领的队伍。他们最想弄清的是德国火箭的研究情况、工作量和生产规模。1945 年 4 月 23 日，他们从莫斯科出发飞往柏林，成为第一批飞往德国的航空和火箭技术专业队伍。他们当时还不知道，西线盟军部队中也有一个执行"回形针"行动（Project paperclip）的美国专家组，旨在夺取德国从事一切新科学领域研究的科学家，如火箭专家、核技术专家、物理学家，等等。

1945 年 4 月 24—26 日白俄罗斯前线第一军与乌克兰前线第一军汇合，包围了柏林。之后一段时间内，苏联各部委分别派出自己的技术委员会和专家小组来到德国调查火箭武器。5 月初总军械部（ГАУ）将调查事宜交予其下属的近卫火箭炮兵部队负责，派出了由索科洛夫将军领导的调查小组[①]奔

---

① 小组成员不仅有中校秋林（Г.А. Тюлин）等近卫火箭炮兵部队武器总局的代表，还有中校工程师谢苗诺夫（А.И. Семенов）、姆雷金（А.Г. Мрыкин）、绍尔（Я.Б. Шор）、科米萨尔奇克（М.А. Комиссарчик），以及航空工业人民委员部的代表——波别多诺斯采夫和著名气体动力学教授阿布拉莫维奇（Г.Н. Абрамович）等。这支队伍分成了两批，一部分专家在索科洛夫将军带领下直奔佩内明德，而秋林则领导另一部分专家来到柏林。参见：Евич А Ф. Книга о ракетчике [M]. Москва: Издательство ГРАНАТ, 2004: 33.

第二章 苏联对德国火箭技术的争夺（1944—1945）

赴德国。而伊萨耶夫领导的10人发动机小组①也来到了德国，这是航空工业人民委员部派出的第一支第1科研所的队伍。

在柏林的苏联技术专家利用搜到的V-2零部件供应企业的名单，紧张地研究地图，陆续考察了这一地区参与火箭制造的试验室和工厂。他们对配备齐全的试验室、精良丰富的仪器设备、雄厚的工业技术基础印象深刻，感叹甚至嫉妒德国人的工作条件。他们明白，著名德国公司为火箭技术的研究提供了坚实的技术基础和先进的工艺。比如，德国产的多回路插塞连接装置（插头），具有很高的对接可靠性，在修理和试验中便于拆卸、装配。苏联专家估计自己国家要用3年时间才能生产出这样可靠性的装置②，而生产能力也远达不到需要的规模。

苏联专家们编写了一份柏林地区仪器与无线电工业的考察报告，其中涉及30多个企业，每个企业都有比苏联先进的产品和工艺。他们确认不仅是具体的设备和工艺，还有仪器和无线电工业的组织和规模方面，苏德之间的差距也是巨大的。事实上，在后来苏联火箭制造业的生产中，遇到的最重要的问题也是工艺问题。

战争末期，佩内明德成为美苏相争瓜分火箭技术的目标之一，在世界火箭和航天史上的地位非同寻常。切尔托克回忆当时飞临佩内明德时写道③：

> 飞到波罗的海这个位置时，我还没有意识到，这个发射场在历史上会成为20世纪伟大的火箭竞赛的开端。这场竞赛吸引了世界各地的人们，世纪末之前几乎世界上所有的军队都以这样或那样的形式

---

① 小组其他成员包括贝格列佐夫（В.Ф. Берглезов）、沃尔科夫（Л.И. Волков）、科夏托夫（А.С. Косятов）、帕洛（А.В. Палло）、拉耶茨基、赖科夫（И.И. Райков）、斯米尔诺夫（А.М. Смирнов）、托尔斯托夫（А.А. Толстов）、切什科夫（А.И. Чешков）。参见：Качур П И, Глушко А В. Валентин Глушко. Конструктор ракетных двигателей и космических систем [M]. СПб.: Политехника, 2008: 387.

② Черток Б Е. Ракеты и люди. От самолетов до ракет [M]. Москва: Издательство РТСофт, 2010: 218.

③ Черток Б Е. Ракеты и люди. От самолетов до ракет [M]. Москва: Издательство РТСофт, 2010: 219.

从模仿到创新
——苏联液体弹道火箭技术的发展（1944—1951）

获得了火箭武器……那些日子，我们并没有想象到这样历史转折性的武器技术的前景，纯粹是职业工程师的好奇心和对国家的责任感驱使着我们。

1945年2月14日，佩内明德发射了最后一枚V-2。希特勒的东部防线崩溃，佩内明德领导人准备撤离，将所有的档案和重要设备装箱。2月17日，在多恩伯格和冯·布劳恩的带领下，几百名专家、档案和设备乘火车、轮船和汽车前往图林根地区，落脚在德国中部的诺德豪森、布莱谢罗德（Bleicherode）、桑格豪森（Sangerhausen）、莱厄斯腾（Lehesten）、威斯豪森（Weshausen）、巴符（Baden-Württemberg）和下萨克森州（Niedersachsen），继续从事他们的研制工作。13年火箭技术研究成果的主要档案和制成品都被藏在米特尔维克的山洞和哈尔茨（Harz）山区废弃的矿井中。实际上，冯·布劳恩等人知道德国很快就要战败，讨论起向谁投降的问题。他们宁愿投奔美国，甚至不想让苏联人得到有价值的东西[①]。

冯·布劳恩等火箭研制领导人奉党卫军头目之令，于1945年4月乘火车转移到巴伐利亚州慕尼黑（München）附近，驻在阿尔卑斯山区的小镇奥伯阿梅高（Oberammergau）。5月2日，美军第44步兵师的侦察兵来到小镇，德国火箭专家们向美军投降[②]。3天后，作为美国科学顾问团成员的钱学森（图2-13）在慕尼黑见到了他的德国同行冯·布劳恩等人。

---

① 后来，德国专家论及选择美国的理由时说：他们看不起法国人，对俄国人心存恐惧，认为英国人养不起这些人，最后只剩下美国人了。参见：雷·史宾伯格，黛安·摩瑟·沃纳·冯·布劳恩：太空探索的先驱[M]. 潘丽芬译. 北京：外文出版社，1999：112.

② 参见：Walter A M. The Heavens and the Earth: A Political History of the Space Age [M]. New York: Basic Books, 1985: 44.

第二章　苏联对德国火箭技术的争夺（1944—1945）

图 2-13　美国军方发给钱学森的工作胸牌①

美军在 4 月 12 日抢先攻占原来约定由苏军占领的诺德豪森地区，俘获到火箭工厂的 492 名专家②。美军和专家有足够的时间选取他们想要的东西，甚至测试了德国人生产的火箭，用火车将火箭专家、100 多枚 V-2 火箭、大批设计资料和重要仪器设备等最有价值的人和物转移到小城维岑豪森和沃尔比斯。最终，冯·布劳恩、多恩伯格和内贝尔等 120 多名专家和他们制造的火箭被送到美国③，在美国航天计划中发挥了非常重要的作用。

罗卡索夫斯基元帅指挥的白俄罗斯第二方面军终于在 5 月 2 日攻入佩内明德。这里剩的东西包括大型试验台、燃料和氧化剂的贮存车、可运行的发电站、多种火箭零件，还有两个完整的大型氧气工厂④。近卫火箭炮兵部队索科洛夫将军带领的小组成为第一个认识佩内明德火箭中心的苏联队伍，6 月 1 日，切尔托克等专家才飞抵佩内明德。他们发现这里不只是一个研究所，更像一个大型联合企业，第一次强烈感受到德国火箭技术工程的规模。索科洛

---

① 石磊等著.钱学森的航天岁月 [M].北京：中国宇航出版社，2011：56.
② 石磊等著.钱学森的航天岁月 [M].北京：中国宇航出版社，2011：55.
③ 李成智，李建华.阿波罗登月计划研究 [M].北京：北京航空航天大学出版社，2010：55.
④ Доклад записка А.И.Шахурина Г.М.Маленкову от 8 июня 1945г. о результатах обследования германского реактивного научно-испытательного института в Пенемюнде [А]. Ивкин В И，Сухина Г А.Задача особой государственной важности. Из истории создания ракетно-ядерного оружия и Ракетных войск стратегического назначения（1945—1959гг）.Москва：РОССПЭН，2010：17.

从模仿到创新
——苏联液体弹道火箭技术的发展（1944—1951）

夫将军组织搜寻有价值的东西和人员，在居民中搜出几个专家和工作人员，要求写出火箭中心的建设和技术研究历程，以及 V-2 的主要参数、研究和试验情况等。

根据留下来的设施、找到的火箭零部件，以及审问工作人员的情况，苏联专家得到一些重要的信息。例如，V-2 火箭以酒精为燃料，液氧做氧化剂；飞行控制系统异常复杂，几乎全部是由电气仪表和电子线路组成的，包括 83 个电子管和 80 个继电器，控制着大多数电路和电动机，这些仪器不仅成本占到火箭价格的主要部分，大规模生产也需要极高的生产技艺，而且这些设备的制造商都是西门子这样的著名公司；德国火箭技术主持人原来是冯·布劳恩、瓦格纳（H. Wagner）等专家；此外，在诺德豪森还有一处地下火箭工厂①。

苏军在 7 月 14 日抵达诺德豪森，按照雅尔塔协议从美军手里接管该地区。此时，火箭成品和所有专门的火箭测试设备都被美军带走了。苏联人看到的是状况糟糕的试验台、控制台、操纵装置、机床和其他设备，以及散落的尾翼、燃料室等火箭零部件②。切尔托克和伊萨耶夫在囚犯住的黑暗小屋里发现了一个陀螺稳定平台，认为应该把它运回莫斯科。火箭工厂的德国工程师罗森普伦特（Rosenberg）向切尔托克他们透露，不合格的火箭被送到附近的工厂修理，建议苏联人在那家工厂研制火箭，他自己愿意承担 V-2 的技术工作。

事实上，美军没能带走他们选中的所有德国专家。某些德国工程师不想离开自己的国家，美军也就没勉强他们。在诺德豪森附近的布莱谢罗德小

---

① Из показаний военнопленного Э.Пурукера об известных лично ему крупных немецких специалистах, работавших в военной промышленности Германии [A]. Ивкин В И, Сухина Г А.Задача особой государственной важности. Из история создания ракетно-ядерного оружия и Ракетных войскстратегического назначения(1945—1959гг). Москва: РОССПЭН, 2010: 18-20.

② Докладная записка Д.Ф. Устинова и других И.В. Сталину об ознакомлении с работами по реактивному вооружению в Германии [A]. Ивкин В И, Сухина Г А.Задача особой государственной важности. Из история создания ракетно-ядерного оружия и Ракетных войск стратегического назначения(1945—1959гг). Москва: РОССПЭН, 2010: 53-58. (乌斯季诺夫等致斯大林关于对德国喷气武器工作的了解报告)

第二章 苏联对德国火箭技术的争夺（1944—1945）

城（美苏占领区交界），苏联人有幸获得的最有价值的德国专家是控制与制导专家格勒特鲁普（H. Göttrup，1916—1981，图 2-14～2-16）。1945 年 9 月，他夫人因不愿意跟盟军去美国，而悄悄跑到苏军占领区，找到了拉贝研究所的代表，打探苏联人把她一家留在德国的条件。她向苏方介绍了丈夫是冯·布劳恩的助手，负责火箭的无线电控制系统，提出的条件是给他们充分的自由。拉贝研究所请示柏林的苏联驻德火箭技术委员会，三天后在没得到柏林方面许可的情况下，还是将格勒特鲁普的全家转移到苏军控制区的一栋别墅。比较而言，对德国火箭"遗产"——战利品及技术专家的争夺以美国的绝对优势而告终。对此斯大林曾抱怨："这完全是无法容忍的，我们打败了纳粹敌人；我们占领了柏林和佩内明德；但美国人却带走了这些火箭工程师。还有什么比这更令人讨厌和不可原谅的呢？这种事是怎么发生的？怎么能允许它发生呢？"[1]

图 2-14 格勒特鲁普[2]

---

[1] Siddiqi A A. Sputnik and the soviet space challenge [M]. Gainesville: University Press of Florida, 2003: 24.

[2] Bode V, Kaiser G. Building Hitler's Missiles: Traces of History in Peenemünde [M]. Berlin: Christoph Links Verlag, 2008.

从模仿到创新
——苏联液体弹道火箭技术的发展(1944—1951)

图 2-15　格勒特鲁普全家(1946 年)①

图 2-16　德国记者、格勒特鲁普女儿与切尔托克
　　　　(布莱谢罗德,1992 年)②

---

① Черток Б Е. Ракеты и люди. От самолетов до ракет [M]. Москва: Издательство РТСофт, 2010: 304-305.

② Черток Б Е. Ракеты и люди. От самолетов до ракет [M]. Москва: Издательство РТСофт, 2010: 304-305.

二、苏方不同部门"分享"火箭遗产

在火箭技术的归属问题上,苏联几大相关部委长期没有一个清晰的态度,或者争论不休,或者犹豫不决。火箭和飞机在众多技术上有交集,由航空部门接收较为合理,苏联高层领导和专家们也认为各类喷气技术工作都应归口航空工业人民委员部。然而,航空工业部门对喷气式飞机更感兴趣,认为"火箭是炮弹,而炮弹是弹药"①,建议火箭技术归弹药人民委员部。沙胡林于1945年6月8日在写给国防委员会委员马林科夫的报告中说:"从研究所的研究资料看,V-2和其他类型火箭弹的研制工作有火炮(工作)的轮廓(профиль)""火箭研究交给苏联弹药人民委员部是比较合适的,在佩内明德收集到的所有设备也可都交给它"②。的确,弹药人民委员部曾负责组织运输和在国内暂时保管火箭及相关仪器设备,但1945年8月后接受了研制原子弹的任务,告别了火箭技术。该委员部的人民委员瓦尼科夫(Б.Л. Ванников)于1945年8月初向高层提交报告称:"V-2火箭的恢复早已不是一个人民委员部的能力所及。"③对火箭技术归属的模糊态度存在了很长时间,直到1946年5月才得以确定。

最急于得到和了解德国喷气武器的是火箭专家们。在迟迟得不到答复与归属权不清的情况下,他们自1945年4月23日起奔赴德国,寻找火箭。为了工作方便,他们被临时授予"工会上校"军衔④,在军方的帮助下,开展喷气武器的调查、统计、拆卸和搬运工作。在占领柏林的最初几周,火箭技术调查工作遇到意想不到的混乱。不同部委的专家组"力争在掌握德国武器技

---

① Черток Б Е. Ракеты и люди.От самолетов до ракет [M]. Москва: Издательство РТСофт, 2010: 289.

② Доклад записка А.И. Шахурина Г.М. Маленкову от 8 июня 1945г. о результатах обследования германского реактивного научно-испытательного института в Пенемюнде [A]. Ивкин В И, Сухина Г А.Задача особой государственной важности. Из история создания ракетно-ядерного оружия и Ракетных войск стратегического назначения (1945—1959гг). Москва: РОССПЭН, 2010: 18.

③ Качур П И, Глушко А В. Валентин Глушко.Конструктор ракетных двигателей и космических систем [M]. СПб.: Политехника, 2008: 391.

④ 在当时情境下,为掩饰苏联文职专家的身份,这些人身着军装,并根据职务和职权被授予军衔:上校、中校、少校。他们被称为"工会上校"(профсоюзный полковник)、"工会中校"(профсоюзный подполковник)、"工会少校"(профсоюзный майор),但他们并没有成为军人。

从模仿到创新
—— 苏联液体弹道火箭技术的发展（1944—1951）

术和工业设备上互相竞争"①，寻找各自熟悉的或有用的设备，以致于有价值的设备被分散到各个部委。切尔托克深有感触地说："我们得到了不知是谁臆想出的'宗旨'和方针：调查德国工厂和试验室，不要迷恋智力成就，首先逐一登记、清点机床、工艺生产设备、测试仪器的类型和数量。至于文件和专家，这已经是让我们羞愧的事了，我们失去了优先权。"②

　　苏联的部委将更多精力投入抢运设备，先后将从柏林、佩内明德、诺德豪森搜集的仪器装箱运回莫斯科。例如，1945年5月31日，苏联国防委员会通过两项决议：《关于从德国佩内明德喷气科学试验中心运送设备、资料和火箭组件样品的工作》③和《关于德国火箭工厂和试验室设备、图纸、试验样品的调查和输出工作》④。决议规定，弹药人民委员会第1中央设计局负责将佩内明德的设备运到莫斯科，分两批运送150部V-2涡轮机、火箭飞行控制的无线电装置、20套石墨舵、25个试验台、2个氧气站、30个高压气瓶、1个柴油站、起重运输设备、地下管线和其他零部件；苏联弹药人民委员会主要负责将柏林莱茵金属-博尔西希公司试验工厂的所有设备运到莫斯科第67工厂和中央设计局第1科学设计局，用于建设火箭试验工厂。然而，莫斯科方面接收这些仪器和资料却比较混乱，未做专门的整理、分类。它们分散在飞行试验研究所、中央空气动力学研究所、飞机设备科学研究所和其他航空工业的机构。第1科研所只得到了大概1/10与测试技术有关的物品。

---

① Черток Б Е. Ракеты и люди.От самолетов до ракет［M］. Москва: Издательство РТСофт, 2010: 290.

② Черток Б Е. Ракеты и люди.От самолетов до ракет［M］. Москва: Издательство РТСофт, 2010: 203.

③ Постановление ГКО СССР № 8823сс о вывозе оборудования, материалов и образцов узлов реактивных снарядов из германского реактивного научно-испытательного института в Пенемюнде (31 мая 1945 г.)［A］. Ивкин В И, Сухина Г А.Задача особой государственной важности. Из история создания ракетно-ядерного оружия и Ракетных войск стратегического назначения (1945—1959гг). Москва: РОССПЭН, 2010: 25-26. （苏联国家国防委员会1945年5月31日第8823сс号决议, 关于从德国佩内明德喷气科学试验中心运出设备、资料和喷气弹组合件样品的工作）

④ Постановление Государственного комитета обороны СССР № 8897сс о проведении работы по выявлению и вывозу заводского и лабораторного оборудования, чертежей и опытных образцов немецких реактивных снарядов(31 мая 1945 г.)［A］. Ивкин В И, Сухина Г А.Задача особой государственной важности. Из история создания ракетно-ядерного оружия и Ракетных войск стратегического назначения (1945—1959гг). Москва: РОССПЭН, 2010: 169-170. （苏联国家国防委员会1945年5月31日第8897号决议, 关于德国喷气弹工厂和试验室设备、图纸、试验样品的调查和输出工作）

第三章

苏联对德国 V-2 火箭的"恢复"与试验发射（1945—1947）

到第二次世界大战末期，苏联人发现自己在火箭技术方面与德国有较大差距。破解德国火箭技术成为缩短这种差距的一条捷径。自红军攻入德国起，苏联为争夺与研究先进火箭技术，分阶段向德国派出了多批专家。苏联科学家、工程师与军事人员在德国恢复与研究火箭的经历被学者称为一次"洗礼"。①

第一节 苏联驻德火箭研究机构的形成与整合

苏联人在德国恢复 V-2 的过程中，逐步建立起火箭研究的专门机构。驻德火箭研究机构不仅是苏联人开展工作的载体，更为后来在苏联本土展开的大规模火箭武器研制提供了必要条件和宝贵经验。

一、盖杜科夫与苏联在德国火箭研究机构的形成

1944 年下半年，苏联人在波兰俘获了 V-2 火箭的少量零部件和相关资料，了解到德国北部佩内明德火箭研制基地的某些信息。1945 年 4 月下旬开始有

---

① Siddiqi A A. Sputnik and the soviet space challenge [M]. Gainesville:University Press of Florida, 2003: 22.

从模仿到创新
——苏联液体弹道火箭技术的发展（1944—1951）

个别苏联专家小组随军进入德国开展调查工作。同年 5—7 月之间，苏联许多部委的专家小组陆续进入德国，调查抢运火箭及相关的仪器设备等。

盖杜科夫炮兵少将（图 3-1）[①] 在苏军进攻德国阶段就参与调查德国火箭，扮演了十分重要的角色。他是苏共中央委员会（ЦК ВКП）的军事委员，也是近卫火箭炮兵部队军事委员会（ГМЧ ВС）委员，能调动近卫火箭炮兵部队的人力。他利用与苏共中央委员会委员、部长会议（Совмин）副主席马雷舍夫（В.А. Малышев）和沃兹涅先斯基（Н.А. Вознесенский）的私人友谊等人脉资源协调各方关系，在了解和恢复德国 V-2 火箭、罗致与重用技术人才方面所起的作用大大超出了他的军职工作。此后几十年里，盖杜科夫一直在军方从事与火箭技术相关的工作，1958 年 12 月至 1959 年 4 月他还来到中国负责苏联火箭技术向中方的转移。

图 3-1　盖杜科夫[②]

[①] 盖杜科夫（Л.М. Гайдуков，1911—1999）：出生于图拉市（Тула），1928—1930 年是图拉市一名钳工。1935 年毕业于图拉机械学院（Тульский механический институт），毕业后进入莫斯科第 67 工厂（Завод № 67），先后任工艺工程师、培训室主任。1937 年起担任航空工业人民委员部第 4 管理总局（ГУ-4）干部室主任。1938 年后在苏共中央委员会不同机构任职，如党组辅导员、干部管理局部门主任，这期间马林夫是其直接上级。1940 年在高级政治人才专修班毕业。1941 年被任命为近卫火箭炮兵部队军事委员会委员。因在苏联卫国战争中的杰出贡献，1943 年 3 月盖杜科夫被授予"红星勋章"和"炮兵少将"军衔；1944 年 11 月又被授予"卫国战争 1 级勋章"等。

[②] Л.М. Гайдуков［А］.РГАНТД. Ф.66. Оп.2. Д.166. https://rgantd.ru/news/pamyatnye-daty/hlev-hmikhaylovich/?http://myfront.in.ua/biografiya/g/gajdukov-lev-mihajlovich.html.

第三章　苏联对德国 V-2 火箭的"恢复"与试验发射（1945—1947）

1945年5月，苏联各部委尚对火箭技术存有怀疑态度，而总军械部近卫火箭炮兵部队最先表现出对火箭技术的热心，利用驻军的强大势力，主导了火箭技术的搜索工作。盖杜科夫派遣索科洛夫（А.И. Соколов）、秋林和Н. 库兹涅佐夫将军①分别到V-2火箭基地所在的佩内明德、柏林和诺德豪森地区设司令部，领导当地的调查工作，为在德国工作的各部委派来的专家小组提供食物、交通工具、燃油等诸多帮助，并试图联合分散的专家小组。5月末，盖杜科夫来到柏林，听取秋林报告工作情况，指示"这里还有大量的工作，不应该考虑很快回国"②。

秋林、索科洛夫和Н. 库兹涅佐夫在二战中都曾负责喀秋莎火箭炮的研发和生产装备，对V-2有浓厚的兴趣，将其视为喀秋莎火箭炮的某种扩展。在他们的带领下，一大批近卫火箭炮兵部队的官兵进入德国火箭研制基地，寻找德国专家、仪器设备和火箭零部件，钻研相关的知识和技术，但大多数炮兵军官都是火箭技术的外行。他们非常依赖技术专家，而后者也很早就看重炮兵对驻德研究工作的巨大支持，双方保持了合作的关系③。

根据斯大林的命令，1945年7月8日苏联政府建立各部委联合委员会④，协调在德国搜集火箭技术资料并研究火箭制造经验的工作。盖杜科夫担任该

---

① 这段时期涉及两位库兹涅佐夫，一位是近卫火箭炮兵部队的尼古拉·库兹涅佐夫将军（Н.Н. Кузнецов），另一位是火箭控制系统总设计师维克多·库兹涅佐夫（В.И. Кузнецов）。为进行区分，在本书中前者称为Н. 库兹涅佐夫，后者称为В. 库兹涅佐夫。

② Евич А Ф. Книга о ракетчике [M]. Москва: Издательство ГРАНАТ, 2004: 34.

③ Siddiqi A A. Sputnik and the soviet space challenge [M]. Gainesville:University Press of Florida, 2003: 24.

④ 各部门联合委员会（Междуведомственная комиссия）：委员会由总军械部、弹药人民委员部、航空工业人民委员部、装备人民委员部（НКВ）、电力工业人民委员部（НКЭП）、化学工业人民委员部（НКХП）、造船工业人民委员部（НКСП）和迫击炮人民委员部（НКМВ）8个部门的负责人组成。参见文献 Докладная записка Л.П. Берия, Г.М. Маленкова, Н.А. Булганина, Б.В. Ванникова, Д.Ф. Устинова, Н.Д. Яковлева-И.В. Сталину об организации научно-исследовательских и опытных работ в области ракетного вооружения в СССР [А]. Ивкин В И ,Сухина Г А.Задача особойгосударственной важности. Из история создания ракетно-ядерного оружия и Ракетных войск стратегического назначения (1945—1959гг). Москва: РОССПЭН, 2010: 29.（贝利、马林科夫、布尔加宁、万尼科夫、乌斯季诺夫、雅科夫列夫致斯大林，关于在苏联火箭武器领域组织科研和试验工作的报告记录）

从模仿到创新
——苏联液体弹道火箭技术的发展（1944—1951）

委员会主席。柏林司令部逐渐成为苏联火箭专家事务协调和信息汇总的中心，开始称为"苏联技术委员会"（Советская техническая комиссия），盖杜科夫亲自兼任主席，秋林任副主席。技术委员会在地图上标注德国火箭武器协作企业的分布情况，选择柏林、诺德豪森及其周边地区、捷克斯洛伐克、匈牙利、奥地利为主要工作地，联络和协助各个专家小组开展工作。

  苏联技术专家全面、系统搜集与研究 V-2 火箭技术的工作始于 1945 年 7 月[①]。在大范围、系统搜集材料的过程中，苏联人与德国专家一起开展工作，自发形成了一些专业研究小组。这些小组大多集中在图林根州的诺德豪森地区，称为诺德豪森群[②]。其中一个在布莱谢罗德工作的苏德小组由切尔托克和伊萨耶夫[③]领导，其余人员是 12 名德国人，他们在 1945 年 7 月将这个自发形成的研究小组命名为"拉贝研究所"（RABE[④]），全称 Raketenbau und Entwicklung Bleicherode，意为"布莱谢罗德火箭制造与发展"。德国人认为叫作研究所，有助于迅速聚集专家和工作人员。研究所坐落在布莱谢罗德一栋三层的高档别墅（图 3-2），冯·布劳恩离开佩内明德后曾在此住过一段时间，这里距离美苏占领区分界线只有 6 km。

[①] Из краткого технического отчета государственной комиссии о проведении опытных пусков ракет дальнего действия А-4 (Фау-2) на Государственном центральном полигоне МВС в октябре-ноябре 1947 года [A]. Ивкин В И, Сухина Г А. Задача особойгосударственной важности. Из история создания ракетно-ядерного оружия и Ракетных войск стратегического назначения (1945—1959гг). Москва: РОССПЭН, 2010: 146.（国家委员会关于 1947 年 10—11 月 V-2 远程火箭在武装力量部国家中央试验场试验发射的简要技术报告）

[②] 诺德豪森群（Группа Нордхаузен）：总部设在诺德豪森，由盖杜科夫将军领导。诺德豪森群包括拉贝研究所，它是其中规模最大的一个研究机构；小博敦根（Kleinbodungen）附近的火箭修理工厂，负责集中火箭零部件，进行整体组装；格勒特鲁普小组（Бюро Греттрупа），负责技术专题研究和指导；莱厄斯腾（Lehesten）试验站，从事发动机的测试和研制。

[③] 伊萨耶夫与切尔托克一起完成研究所的创建后不久坚持离开，前往莱厄斯腾了解发动机技术。他离开后，很快皮柳金就来到拉贝研究所工作。

[④] Rabe 在俄语中称为 Рабе（仆人），而在德语中 rabe 本意为"乌鸦"。

第三章　苏联对德国 V-2 火箭的"恢复"与试验发射（1945—1947）

图 3-2　拉贝研究所主楼（布莱谢罗德，1992 年）①

　　拉贝研究所形成了双重领导模式，切尔托克为所长（Начальник，图 3-3），皮柳金任第一副所长和总工程师。德国工程师罗森普伦特为副所长②，是德国员工的负责人。研究所以恢复 V-2 火箭为核心工作，制定了具体的工作计划，确定了任务的完成期限和领导者。由于切尔托克、皮柳金、罗森普伦特和格勒特鲁普都是电气设备和控制方面的专家，因此研究所有着较为突出的电气控制专长。为有效开展工作，研究所建立起陀螺仪、伺服电机、电路配置、地面控制台、无线电仪器等试验室、设计室和晒图室。成立了独立的"格勒特鲁普小组"③，进行技术专题研究和指导。研究所将德国原来在小博敦根附近建立的火箭修理工厂作为自己的生产基地，集中起搜集到的 V-2 零部件，由库里洛（Е.М. Курило）领导组织火箭装配。此外，他们开始编写

---

① Черток Б Е. Ракеты и люди.От самолетов до ракет［M］. Москва: Издательство РТСофт, 2010: 304-305.

② 罗森普伦特的职务在俄文里是 директор，相当于副所长，归所长、第一副所长领导。他的助手是航空工程师出身的米勒（F. Müller）。

③ 格勒特鲁普对除马格努斯和霍赫之外的研究所德国人员都持怀疑态度，还有一些人他称了不了解。为了不激化矛盾，拉贝研究所设立了独立的"格勒特鲁普小组"。

研究所工作报告,还为苏联人开设每天一个半小时的德语课。

图 3-3　拉贝研究所所长切尔托克(德国,1945 年)[1]

1945 年 8 月,盖杜科夫首次考察拉贝研究所,对这里的工作印象深刻,因而表示"将倾其全力支持在德国工作前线的扩展,直到中央委员会和政府相应决议发布"[2]。当月,他成功地协调各部委的关系,促成无线电专家梁赞斯基(М.С. Рязанский)、В. 库兹涅佐夫、博古斯拉夫斯基(Е.Я. Богуславский)和采齐奥勒(З.М. Цециор)以及火箭专家波别多诺斯采夫到拉贝研究所工作。为巩固军方在德国火箭技术中的势力,他还与总军械部协调军方人才,使得莫若林(Ю.А. Мозжорин)、特鲁巴切夫(П.Е. Трубачев)、克里莫夫(К.А. Керимов)等总军械部机构和部队军官加盟拉贝研究所,并安排他们参与到研究所的实际恢复工作中。

拉贝研究所这个小机构引起了莫斯科政府高层的关注,这与盖杜科夫的积极争取密切相关。1945 年 8—9 月间他开展了卓有成效的工作:其一,积极协调,向拉贝研究所增派几位苏联专家;其二,力主禁止在德国工作的苏

---

[1] Черток Б Е. Ракеты и люди. От самолетов до ракет [M]. Москва: Издательство РТСофт, 2010: 304-305.

[2] Черток Б Е. Ракеты и люди. От самолетов до ракет [M]. Москва: Издательство РТСофт, 2010: 271.

第三章 苏联对德国 V-2 火箭的"恢复"与试验发射（1945—1947）

联专家回国休假；其三，"游说"苏共中央委员会派不同代表团频繁考察拉贝研究所等机构，了解火箭技术。为改变分散工作的问题，最好是将所有人整合到一个集体中，共同工作。为此，盖杜科夫决定面见斯大林，为他们在德国的火箭研究工作争取政府高层的支持。

盖杜科夫知道优秀专家对于火箭研究是至关重要的条件。为了向斯大林汇报，他做了充分的准备。比如，了解苏联喷气科学研究所的历史，评估科罗廖夫、格鲁什科以及其他遭到镇压但还幸存的专家们的工作，列出了一份 20 位专家的名单。盖杜科夫"幸运"[①]地见到了斯大林，当面汇报专家们在德国的工作情况，以及未来在本国开展这方面工作的必要性，请求释放名单上的专家，准许他们去德国工作。斯大林同意派出这些专家，这为科罗廖夫、格鲁什科和谢夫鲁克（Д.Д. Севрук）等优秀专家及苏联火箭事业带来了转机。他们在 1945 年 9 月奉命到德国研究火箭技术，被授予"工会上校"军衔，以便于开展工作。科罗廖夫在赴德国前，即在喀山特殊监狱工作时，是格鲁什科的飞行试验助手，故他只被授予中校军衔。斯大林委托盖杜科夫向各位人民委员介绍这些情况。哪个委员决定负责火箭技术，就由他来负责拟定火箭技术决议草案[②]。

事实上，盖杜科夫能选择的政府机构只有沙胡林领导的航空工业人民委员部、万尼科夫的弹药人民委员部和乌斯季诺夫（Д.Ф. Устинов）的装备人民委员部（НКВ）[③]。作为对盖杜科夫的回应，沙胡林和万尼科夫正式拒绝负责火箭武器制造的领导工作。而乌斯季诺夫过去与枪炮、坦克、飞机和潜艇打交道，认为这些武器的发展前景不是很乐观，对新武器感兴趣。他还考虑到当时雅科夫列夫（Н.Д. Яковлев）元帅领导的总军械部对火箭武器很感兴

[①] 之所以说"幸运"，是因为在当时苏联的政治背景下，要面见斯大林并不是很容易，需要经过贝利亚。而这次面谈得以实现，是有一些人（可能包括波别多诺斯采夫和马林科夫）暗中帮助盖杜科夫研究行动战术，成功绕开了贝利亚。

[②] Черток Б Е. Ракеты и люди. От самолетов до ракет [M]. Москва: Издательство РТСофт, 2010: 293.

[③] 1946 年 3 月起苏联进行机构调整，"人民委员部"改称为"部"。

从模仿到创新
——苏联液体弹道火箭技术的发展（1944—1951）

趣，如果他们合作，"会在新的事业上保持坚实的军事友谊，这很重要"①。乌斯季诺夫初步同意盖杜科夫的建议，但还是请求斯大林不要马上让自己来负责此事。他首先派自己的第一副手里亚比科夫（В.М. Рябиков）到德国视察。里亚比科夫在德国的所见所闻在相当大程度上改变了自己的技术世界观，确信"武器技术出现了完全新的前景"②。他向乌斯季诺夫汇报之后，装备人民委员部决定接手火箭武器研究的组织工作，此项工作前景遂显明朗。

然而，在德国的火箭技术组织工作刚一开始就遭遇一次危机。那时在德国从事火箭技术工作的苏联专家，大部分来自航空工业人民委员部。沙胡林对 V-2 火箭技术并不感兴趣，要求收缩航空工业人民委员部在德国研究火箭的工作，于 1945 年底命令该部的专家们停止在德国的工作，在 1946 年 2 月底之前返回莫斯科。盖杜科夫坚决反对沙胡林的做法，下令除了伊萨耶夫，其他人不能离开德国。1946 年 2 月，盖杜科夫紧急将科罗廖夫、格鲁什科和波别多诺斯采夫等专家召回莫斯科汇报工作。最终，在乌斯季诺夫③和雅科夫列夫的支持下，驻德火箭研究不但没有收缩，反而扩大了规模；科罗廖夫也晋升为与其他专家一样的上校军衔。

二、苏联政府整合在德国的火箭研究机构

德国的火箭遗产对各战胜国都有巨大的利用价值。苏联专家在德国对火箭的初步研究越来越引起斯大林的重视。苏联政府逐渐意识到火箭武器作为新的军工领域有着重要的战略意义，这方面的工作迫切需要国家层面的组织和协调。

1946 年 5 月 13 日，苏联部长会议通过火箭技术领域奠基性的决议——《喷气武器问题》（"Вопросы реактивного вооружения"）④，将喷气技术发展

---

① Черток Б Е. Ракеты и люди. От самолетов до ракет [M]. Москва: Издательство РТСофт, 2010: 295.

② Черток Б Е. Ракеты и люди. От самолетов до ракет [M]. Москва: Издательство РТСофт, 2010: 296.

③ 此时，他已经准备接手火箭技术工作。

④ Батурина Ю М. Советская космическая инициатива в государственных документах 1946—1964гг. [M]. Москва: Издательство РТСофт, 2008: 30-35.

第三章 苏联对德国 V-2 火箭的"恢复"与试验发射（1945—1947）

列为国家最重要的任务之一，对在德国和苏联境内的火箭技术工作进行了战略部署。决议强调火箭武器工作的优先地位，选定在德国火箭技术经验基础上发展本国火箭武器的路径，规定首要任务之一是采用国产材料复制 V-2 火箭（即未来的 R-1 火箭）①。决议确定了在德国掌握 V-2 火箭技术工作的三个重点：完全恢复技术文件和模型，恢复火箭进行研究和试验所必需的全部设备仪器、试验室和试验台，培训能够掌握火箭设计、试验方法、生产零部件工艺和火箭装配的专家队伍②。

决议还对在德国的火箭技术工作做出人力、物力和财力等方面的周密部署。其一，决定成立负责领导和协调火箭事业的部长会议"喷气技术特别委员会"（Специальный комитет по реактивной технике），由苏共政治局委员马林科夫任委员会主席，乌斯季诺夫任副主席。委员会成员诺索夫斯基被任命为在德国的火箭技术工作领导人，常驻德国，Н. 库兹涅佐夫和盖杜科夫任其助手。其二，责成财政部（МФ）和驻德军事管制局（СВАГ）为驻德喷气技术委员会拨款 7 000 万马克，用于在德国开展工作；由武装力量部（МВС）拨出 11 号定额的免费口粮 1 000 份，2 号定额的补充口粮 3 000 份，小轿车 100 辆，载重汽车 100 辆，以及燃料和司机等，保证苏德专家的日常生活和工作③；由内务部（МВД）在食品、住房、汽车运输方面给予帮助。其三，要求各部委积极支持在德国火箭技术工作的开展，尤其是火箭技术人才队伍的建设。针对派往德国的苏联专家，强调要把他们指定给每位德国专家负责，以便更好地学习经验。关于德国专家的利用，决议提出预先考虑将他们在 1946 年底转移到苏联的问题。由上述可见，苏联对发展火箭武器之重视，支持力度之大，部署之细致。

1946 年 3 月，盖杜科夫回到诺德豪森后，开始筹备整合诺德豪森群等在德国从事 V-2 火箭技术研究的组织，逐步形成驻德火箭技术研究的行政指挥

---

① 另一个首要任务是采用国产材料复制地空火箭——"瀑布"。

② Батурина Ю М. Советская космическая инициатива в государственных документах 1946—1964гг. [M]. Москва: Издательство РТСофт, 2008: 33.

③ Батурина Ю М. Советская космическая инициатива в государственных документах 1946—1964гг. [M]. Москва: Издательство РТСофт, 2008: 34.

系统（图 3-4）。1946 年 5 月，根据部长会议喷气技术特别委员会的决定，成立了统一的诺德豪森研究所（Институт Нордхаузен，图 3-5）。盖杜科夫担任所长，并选定科罗廖夫为副所长和总设计师。该研究所隶属于驻德喷气技术特别委员会领导，专注于 V-2 火箭武器的恢复与试验。同期建立的还有柏林研究所（Институт Берлин），用于恢复防空可控火箭技术[①]，但它在规模和工作人员数量上远不及诺德豪森研究所。

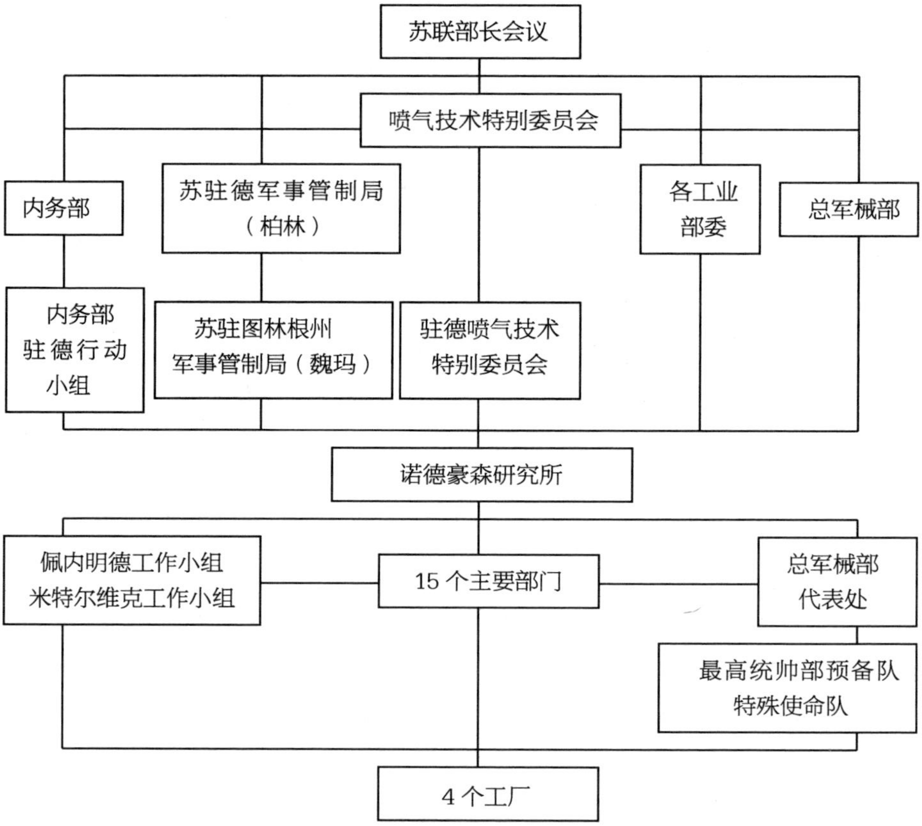

图 3-4　驻德火箭技术研究行政指挥系统图[②]

---

① 柏林研究所的工作计划包括 4 种对空火箭武器的恢复，分别是："瀑布"（Wasserfall）、"蝴蝶"（Schmetterling）、"莱茵女儿"（Rheintochter）和"台风"（Taifun），还有反坦克火箭筒、主动式火箭设备。回到苏联后，防空火箭武器的项目都转给装备部 88 科学研究所。

② 笔者绘制。

第三章 苏联对德国V-2火箭的"恢复"与试验发射(1945—1947)

图3-5 诺德豪森研究所办公室坐落于此楼中(布莱谢罗德,1946年)①

诺德豪森研究所实现了对驻德火箭技术研究资源的整合和扩充,建所之初就有德国专家和工人共计1 190名、苏联专家59名②,仪器装备数量大为增长,构成一个很有规模的组织。研究所由控制部、火箭设计部、发动机部、点火试验部、地面设备部、试验发射部、引爆部、总冶金学家部、总工艺师部、试验装置设计部、编辑出版部、设备部等15个主要部门及其若干工厂构成。德国人按照他们的职责到相应的部门带苏联人一起工作,但同时接受格勒特鲁普的统一领导。格勒特鲁普对所长和总工程师负责。

诺德豪森研究所下辖4个工厂(图3-6),作为辅助生产单位。1号工厂(Завод № 1),位于瑟默达(Sömmerda),负责火箭尾部、仪表舱中段、燃料箱的制造与装配,石墨舵的机械加工,以及火箭模型制造。2号工厂(Завод № 2),位于诺德豪森郊区,负责发动机的装配和试验。3号工厂,位于小博敦根的火箭修理工厂,负责火箭装配。4号工厂,位于松德斯豪森

---

① Черток Б Е. Ракеты и люди.От самолетов до ракет [М]. Москва: Издательство РТСофт, 2010: 304-305.

② Из отчета о работе института Нордхаузен начальника института гвардии генерал-майора артиллерии Л. Гайдукова и главного инженера С. Королева [А]. Ивкин В И, Сухина Г А.Задача особой государственной важности. Из история создания ракетно-ядерного оружия и Ракетных войск стратегического назначения(1945—1959гг). Москва: РОССПЭН, 2010 : 121.

从模仿到创新
——苏联液体弹道火箭技术的发展（1944—1951）

（Sondershausen），负责专门研制生产仪器。此外，研究所还领导在诺德豪森的米特尔维克火箭工厂和佩内明德工作的两个小组。

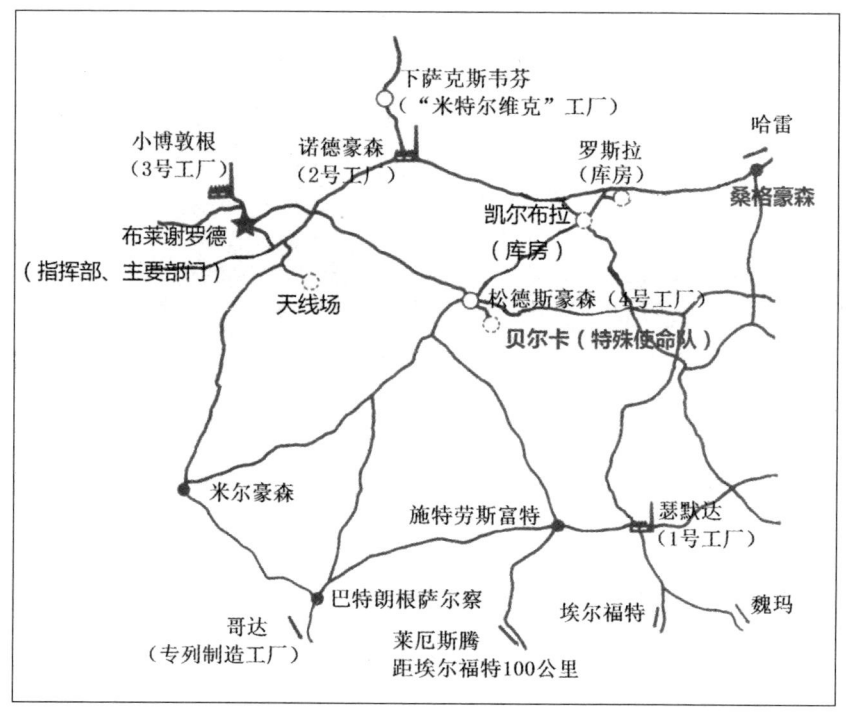

图 3-6 诺德豪森研究所主要部门和工厂位置图[①]

诺德豪森研究所在工作中表现出明显的国家主导的计划性和目的性，组织结构中不仅包括了工业部委的体系，还有一套并行的军事系统。喷气技术特别委员会批准了研究所制定的 1946—1947 年初在德国的工作计划，并协调各部委派不同领域专家来到诺德豪森研究所，极大充实了 V-2 火箭技术研究力量。到 1946 年 10 月，诺德豪森研究所的苏联专家共计 733 人，德国专家和工人 5 870 名，仪器和专业设备 1 804 个，工作面积达到 83 450 平

---

① Из отчета о работе института Нордхаузен начальника института гвардии генерал-майора артиллерии Л. Гайдукова и главного инженера С. Королева [A]. Ивкин В И, Сухина Г А.Задача особой государственной важности. Из история создания ракетно-ядерного оружия и Ракетных войск стратегического назначения（1945—1959гг）. Москва：РОССПЭН, 2010: 114.（近卫军炮兵少将、研究所所长盖杜科夫和总工程师科罗廖夫关于诺德豪森研究所的工作总结）

方米①。另外，军方也在研究所建立了自己的部门。总军械部设立由姆雷金（А.Г. Мрыкин）领导的代表处，指挥管理来自军队的专家，要求他们参与研究所的各项工作，学习掌握火箭技术的军事利用。这段时期内研究所与军方的合作基本融洽。

为了落实《喷气武器问题》决议，1946年6月，由装备部部长乌斯季诺夫和总军械部部长雅科夫列夫元帅带领的政府专家组前往德国进行为期15天的考察，之后向斯大林提交了一份考察报告。8月，这支政府专家组再次到德国考察，初步部署在德国聚集起的物质材料以及专家回国后的安置等具体问题，确定由科罗廖夫担任苏联本土研制火箭武器的主导研究机构——装备部88科研所的总设计师，并将波别多诺斯采夫、切尔托克、米申、沃斯克列先斯基（Л.А. Воскресенский）、布德尼克（В.С. Будник）和奇日科夫（С.Г. Чижиков）等人从航空工业部（МАП）调到1946年5月16日建立的装备部88科研所（НИИ-88 МВ）。

第二节 苏德人才队伍的募集与建设

人才是一切的根本。人才不仅关系到V-2火箭的恢复，更影响火箭技术的长远发展。苏联人充分意识到人才的重要性，他们积极募集德国专业人才，促成苏德专家合作恢复V-2火箭。正是在德国的合作恢复中，苏联培养并锻炼了一批本国火箭武器研制的技术队伍和管理人才，这对苏联火箭事业的建立至关重要。

一、募集德国人才

美国人在争夺德国高级火箭专家与火箭产品等方面抢得先机。人才匮乏

---

① 出自报告о работе института Нордхаузен начальника института гвардии генерал-майора артиллерии Л. Гайдукова и главного инженера С. Королева [A]. Ивкин В И, Сухина Г А.Задача особой государственной важности. Из история создания ракетно-ядерного оружия и Ракетных войск стратегического назначения（1945—1959гг）. Москва: РОССПЭН, 2010: 112.

从模仿到创新
——苏联液体弹道火箭技术的发展（1944—1951）

成为苏联人战后开展火箭研究工作所面临的一个突出问题。

大约在 1945 年 9 月，拉贝研究所调整招募人才的策略，即不局限于找火箭专才，而是将范围扩大到优秀的德国科学家和技术人员，承诺为他们提供优厚的生活和工作条件。这项工作由皮柳金副所长负责，在图林根州军事管制局的帮助下展开。苏联人向德国人宣传，他们保障食品供给，提供薪资、住房和工作环境。工程师和有博士学位的人每 14 天的食品配额包括 60 个鸡蛋、5 磅黄油、12 磅肉，还有充足的面包、糖、植物油、土豆、香烟和含酒精的饮料[①]。苏联人参照德国 1945 年 5 月 8 日前的工资标准给德籍专家发薪酬，即担任过研究所所长和资深教授的专家月薪 1 425 马克，普通教授和博士工程师月薪 1 340 马克，"有文凭"的工程师[②]月薪 940 马克[③]。一些重要的德国专家还可以得到布莱谢罗德市内很好的住宅。这样的待遇对于战后生活非常困难、食品紧缺、不易找到好工作的德国人来说极具诱惑力。即使与英占区和美占区相比，这样的条件也很有竞争力。

这个新策略取得了立竿见影的实效。苏联人又得到一些重要的德国人才，特别是与火箭技术相关或相近领域的专家，其中包括陀螺仪和理论力学专家马格努斯博士（K. Magnus，图 3-7）、来自哥廷根大学（Georg-August-Universität Göttingen）的自动控制专家霍赫（J. Hoch，图 3-8）博士、阿斯卡尼亚（Askania）公司的舵机专家布拉西格（M. Blasing）博士以及克虏伯（Krupp）公司弹道部主任沃尔夫（W. Wolff）。在他们之后，陆续来到苏

---

① Черток Б Е. Ракеты и люди. От самолетов до ракет [M]. Москва: Издательство РТСофт, 2010: 273.

② 这里表达的是德国工程师的等级，在苏联职级体系中的对应：（1）"工程师"（инженер），对应苏联体系中在工程师岗位上工作的技术人员，但没有学院毕业文凭，通常是技术学校的毕业生，即中等专科教育，而不是高等教育。（2）"有文凭的工程师"（диплом-инженер），即苏联拥有工程师文凭的学院毕业生。（3）博士工程师（доктор-инженер），即有博士学位的工程师，相当于苏联的工程师、技术科学副博士。（4）教授（профессор），相当于苏联的技术科学博士或教授。（5）院士（академик），即科学院院士 - 工程师。

③ Из отчета о работе института Нордхаузен начальника института гвардии генерал-майора артиллерии Л. Гайдукова и главного инженера С. Королева [A]. Ивкин В И, Сухина Г А. Задача особой государственной важности. Из истории создания ракетно-ядерного оружия и Ракетных войск стратегического назначения（1945—1959гг）. Москва: РОССПЭН, 2010: 122.

第三章 苏联对德国 V-2 火箭的"恢复"与试验发射（1945—1947）

占区的德国专家包括工程师布兰克（U. Brancke）、热力学与火箭发动机计算专家蔡泽（H. Zeise）博士、推进剂化学家马西斯（F. Mathes）博士、推进剂专家乌姆芬巴赫（K.J. Umpfenbach）博士、航空制造工程师康拉德（O. Conrad）、航空制造工程师米勒、电气设备测试专家克曼（R. Koermann）博士、电气控制专家赫尔曼（E. Hermann）博士。还有勃兰登堡阿拉多飞机制造厂（Arado Flugzeugwerke）的一些技术人员，其中包括空气动力部门负责人施瓦茨（R. Schwarz）博士、航空设计工程师布拉斯（J. Blass）[①]。这些专业人才未曾直接从事火箭研制工作，却都有较强的科研能力和在工业界工作的经历。

图 3-7　马格努斯晚年照[②]

图 3-8　自动控制专家霍赫[③]

苏联人厚待人才的做法很快在德国专家圈子里传播开，苏占区的德国人还邀请他们在英、美、法占领区的朋友到拉贝研究所工作。阿尔布林就是在这种情况下来到苏占区的。他曾任汉诺威空气动力学与航空技术研究所副所长，战时从事鱼雷、炮弹和机翼气流特征的研究，盟军占领德国后生活在英占区。1946 年初，他面对不同的选择。如果去英国的航空研究中心工作，他

[①] 整理自文献 Альбринг В. Городомля: немецкие исследователи ракет в России [M]. Санкт-Петербург Европейский дом, 2005: 21-42; Черток Б Е. Ракеты и люди.От самолетов до ракет [M]. Москва: Издательство РТСофт, 2010: 274-276; Siddiqi A A. Sputnik and the soviet space challenge [M]. Gainesville: University Press of Florida, 2003: 28-29; Siddiqi A A. Russians in Germany Founding the Post-war Missile Programme [J]. Europe-Asia Studies, 2004（8）: 1131-1156; Голованов Я К. Королёв: факты и мифы [M]. Том 2-е изд. М: Фонд Русские Витязи, 2007: 62-64.

[②] K. Magnus [DB/OL]. https://vladimirkrym.livejournal.com/6168119.html.

[③] Черток Б Е. Ракеты и люди. От самолетов до ракет [M]. Москва: Издательство РТСофт, 2010: 304.

从模仿到创新
——苏联液体弹道火箭技术的发展（1944—1951）

就不能带家属，工作合同可能会被突然解除或延长，行动自由被限制在半径 5 km 的范围内。他甚至想到改行，将自己的专长用于研究鱼的迁徙、鸟的飞行和身体构造等方面。为此他给英占区的学术部门写求职信，却没得到回复。1946 年 3 月底，阿尔布林收到老同事马格努斯和霍赫的电报。马格努斯和霍赫表示，他们决定在苏占区的拉贝研究所工作，鼓动阿尔布林前往参与 V-2 火箭的改进，并告知这里有很好的生活保障[①]。很快，阿尔布林跟随苏联护送人员穿过英、美和苏联占领区共管地段，来到拉贝研究所，见到德国人格勒特鲁普、苏联内务部的库捷波夫（Кутепов）和波别多诺斯采夫。库捷波夫和波别多诺斯采夫以流利的德语向阿尔布林解释说，他们的任务是深入研究曾在佩内明德生产的大型液体火箭，将其用于和平目的，具体而言，是研制一种能够到达苏联很远处的通信火箭，甚至进行飞向月球的研究[②]。格勒特鲁普作为德国专家的领导者，与阿尔布林签订了合同，承诺为他提供食品、住房保障，以及在苏占区范围内的自由迁移。这样，5 月下旬阿尔布林率全家乘火车来到布莱谢罗德。

阿尔布林的选择代表了德国专家的一种比较普遍的想法，即不愿离开自己的国家和亲人。苏联人在德国经营的火箭研究机构满足了这个愿望，这是促使他们选择在苏占区工作的重要因素之一。

拉贝研究所还制定了跨占领区争夺德国火箭专家的"东方"行动（Операция Восток，代号"Ост"），即渗透到美、英占领区拦截未被转移的德国专家[③]，由军人哈尔切夫（В.И. Харчев）负责。苏联人常常带些白兰地、

[①] Альбринг В. Городомля: немецкие исследователи ракет в России [M]. Санкт-Петербург Европейский дом, 2005: 25-26.

[②] Альбринг В. Городомля: немецкие исследователи ракет в России [M]. Санкт-Петербург Европейский дом, 2005: 26.

[③] 事实上，在盟军各占领区之间利诱争取有价值的德国专家的行为是相互的。如 1946 年 7 月格勒特鲁普收到英占区的秘密信件，邀请他去工作。为此，他曾向苏方申请辞职。美国人也曾利诱苏占区的电气设备测试专家克曼博士。这也证明了两位德国专家的价值。Докладная записка уполномоченного МВД СССР в Германии И.А. Серова министру внутренних дел СССР С.Н. Круглову о работе по оказанию помощи институтам, работающим в Германии по реактивной технике, и об агентурно-оперативном обслуживании этих институтов [A]. Ивкин В И, Сухина Г А.Задача особой государственной важности. Из истории создания ракетно-ядерного оружия и Ракетных войск стратегического назначения (1945—1959гг). Москва: РОССПЭН, 2010: 58.（驻德苏联内务部谢洛夫致苏联内务部部长科鲁格洛夫的工作报告，关于帮助驻德喷气技术研究所的工作，以及为研究所服务的间谍工作）

第三章　苏联对德国 V-2 火箭的"恢复"与试验发射（1945—1947）

伏特加、各种美味佳肴和手表等，贿赂其他占领区的边防军人。他们在这次行动中得到的专家有格勒特鲁普、V-2 火箭发射专家菲巴赫（H. Fiebach）、发动机专家施瓦茨（W. Schwarz）、鲍姆（W. Baum）、奈德哈德（Neidhardt）和费迪南德（R. Ferdinand）博士。菲巴赫之前在英占区工作，是英国 1945 年 10 月在德国进行 V-2 发射试验的主要指挥者。施瓦茨原来在佩内明德负责 6 个试验台的工作，还在萨尔费尔德（Saalfeld）地区协调过项目建设。鲍姆曾在 V-2 火箭武器管理局工作。奈德哈德是火箭的无线电测试专家。费迪南德博士研究积分仪器。

格勒特鲁普曾是德国头号火箭专家冯·布劳恩的助手。他在 1946 年中期为苏联人写过一份全面的报告，如实说明佩内明德历史和研制第一枚 V-2 过程中解决的技术问题[1]。他还在另外两个方面起到重要作用：一是告诉苏联找哪些有用的优秀德国工程师，二是指导苏联人寻找 V-2 设备[2]。切尔托克评价说："展望未来，我会说我们没有看错格勒特鲁普。"[3] 格勒特鲁普在苏占区享受极其优越的待遇和德国专家中最高的工资，还有一个带有别墅的庄园，自己种庄稼和蔬菜。他夫人要求为自己配备一辆汽车，买了两匹马和两头奶牛，甚至希望在苏联军官的陪伴下骑马游玩。苏联方面满足了她这些非同寻常的要求。

冯·布劳恩及其团队的多数成员被美国得到，只有少数成员为苏联方面服务。苏联人曾计划在"东方"行动中利诱冯·布劳恩。红军侦察部队担心引起盟军之间的冲突，拒绝参与行动。哈尔切夫坚持冒险争夺此人，未果。格勒特鲁普听说后觉得好笑，称无论什么样的条件都不可能让冯·布劳恩自愿来苏占区。科罗廖夫为此次行动失败而感到高兴。他看到格勒特鲁普在这里的生活和工作条件，能想象到最重要的德国火箭专家来了会发生什么。多

---

[1] Черток Б Е. Ракеты и люди.От самолетов до ракет [M]. Москва: Издательство РТСофт, 2010: 280.

[2] Siddiqi A A. Sputnik and the soviet space challenge [M]. Gainesville: University Press of Florida, 2003: 124.

[3] Черток Б Е. Ракеты и люди.От самолетов до ракет [M]. Москва: Издательство РТСофт, 2010: 276.

从模仿到创新
——苏联液体弹道火箭技术的发展（1944—1951）

年后，切尔托克再谈起这段历史时，认为"这对我们和他（冯·布劳恩）来说都是件好事，他竭尽所能在美国取得的成果在苏联或许不可能实现"①。

苏联内务部的驻德行动小组由贝利亚的副手谢罗夫领导，他们在找寻德国火箭专家中也起到一些作用。驻德行动小组负责对英、美、法占领区的间谍工作，以及监督德国专家的工作和生活。比如，他们帮助拉贝研究所去美、英占领区找人，还从自己管理的劳改营里要出 18 名德国专家。这 18 个人被捕前都在德国的喷气技术工厂工作，大部分是制造 V-2 火箭发动机与控制仪器的工程师和设计师，其中包括一名 V-2 火箭发动机生产工厂的厂长②。这位厂长表示可以帮助组织 V-2 发动机的生产。

由于以上举措，拉贝研究所成为苏联在德国 V-2 火箭研究组织中德国人聚集的技术中心（图 3-9），这为诺德豪森研究所奠定了良好的人才基础。据档案记载，截至 1946 年 10 月在苏占区从事 V-2 火箭技术工作的德国人共有 5 870 名③，其中工程师和技术人员 840 名，技工和普通工人 3 851 名，其他工作人员 1 179 名④。这些人中的 73% 集中在诺德豪森研究所的 4 个部门——1、2、3 号工厂和控制部。也就是说，他们主要集中在恢复与装配 V-2 火箭技术的工作现场，以及 V-2 火箭最为复杂的控制系统方面。

---

① Черток Б Е. Ракеты и люди. От самолетов до ракет [M]. Москва: Издательство РТСофт, 2010: 278-279.

② Докладная записка уполномоченного МВД СССР в Германии И.А. Серова министру внутренних дел СССР С.Н. Круглову о работе по оказанию помощи институтам, работающим в Германии по реактивной технике, и об агентурно-оперативном обслуживании этих институтов [A]. Ивкин В И, Сухина Г А. Задача особой государственной важности. Из истории создания ракетно-ядерного оружия и Ракетных войск стратегического назначения (1945—1959гг). Москва: РОССПЭН, 2010: 58.

③ 仅就火箭技术这个具体领域而言，这是一个不小的数字。1950 年代，苏联向中国大规模转移技术，派出工程师、技师、管理人员、军官与教学人员等"专家"的总数达 1 万余人，涉及苏联援建的 200 多个企业、研究机构与高校。参见文献：张柏春, 姚芳, 张久春, 蒋龙. 苏联技术向中国的转移 1949—1966 [M]. 济南: 山东教育出版社, 2005: 319.

④ Из отчета о работе института Нордхаузен начальника института гвардии генерал-майора артиллерии Л. Гайдукова и главного инженера С. Королева [A]. Ивкин В И, Сухина Г А. Задача особой государственной важности. Из истории создания ракетно-ядерного оружия и Ракетных войск стратегического назначения (1945—1959гг). Москва: РОССПЭН, 2010: 119.

第三章　苏联对德国 V-2 火箭的"恢复"与试验发射（1945—1947）

图 3-9　拉贝研究所的部分德国专家①

二、苏联火箭人才队伍的建设

苏联分阶段向德国派出的专家（图 3-10），整体而言主要分为三类：一是航空工程师和仪器设备专家，如切尔托克、伊萨耶夫、皮柳金、米申、巴尔明（В.П. Бармин）、梁赞斯基、В. 库兹涅佐夫等；二是喀秋莎火箭炮的专家，如盖杜科夫、索科洛夫、秋林、Н. 库兹涅佐夫等以及他们带领的近卫火箭炮兵部队的官兵；三是火箭技术专家，如科罗廖夫、波别多诺斯采夫、格鲁什科等。前两类专家在德国恢复 V-2 的过程中，从各自领域进入新的火箭技术领域中，并逐渐成长为火箭专家。

---

① 从左至右依次为：赫尔曼、库捷伊尼科夫（В.И. Кутейников）上校、米勒、罗森普伦特、佩列茨（Депеu）中校、В. 库兹涅佐夫上校、佚名。站立者人名未知。照片拍摄于 1945 年 9 月，布莱谢罗德。参见：Черток Б Е. Ракеты и люди.От самолетов до ракет [M]. Москва: Издательство РТСофт, 2010: 304-305.

从模仿到创新
——苏联液体弹道火箭技术的发展（1944—1951）

图 3-10　部分在德国的苏联专家合影（布莱谢罗德，1946 年）①

由于盖杜科夫的积极协调，1945 年底在德国从事 V-2 火箭工作的苏联专家增加到 100 余名②，其中多数来自航空工业人民委员部。1946 年的"喷气武器问题"决议将火箭人才建设视为掌握德国火箭技术的三大首要任务之一。按照该决议，喷气技术特别委员会从有关部委挑选出必要数量的各专业专家赴德国工作，其他部委和主管部门不得擅自召回这些专家。于是，从 6 月起，来自苏联各部委和军方的专家陆续到诺德豪森研究所，参与 V-2 火箭技术工作。截至 1946 年 10 月底，苏联专家人数达到 733 名（表 3-1）。

---

① Группа советских специалистов в Германии. 1946 г. [A]. РГАНТД. Ф.107 оп.3 д.11. http://vystavki.rgantd/ru/pallo/pics/21.jpg. 前排左起：皮柳金、奇日科夫、穆雷金、瓦库林（В.А. Бакулин）、波别多诺斯采夫、科罗廖夫、哈尔切夫；后排左起：佚名、布德尼克、沃斯克列先斯基、佚名、米申。

② Евич А Ф. Книга о ракетчике [M]. Москва：Издательство ГРАНАТ, 2004：36.

第三章 苏联对德国V-2火箭的"恢复"与试验发射(1945—1947)

表3-1　　苏联派驻德国从事V-2火箭技术工作的人员来源、类型与数量①

来源	工程师和技术人员	技师和工人	工作人员	总计
航空工业部	78	21	—	99
装备部	185	99	11	295
机器和仪器工业部	23	6	1	30
武装力量部	87	—	—	87
通信器材工业部	29	4	—	33
农业机器制造部	25	3	1	29
化学工业部	10	—	—	10
重工业部	5	—	—	5
造船工业部	6	5	—	11
电气工业部	6	1	—	7
莫斯科军区	5	—	—	5
驻德苏军集群	19	—	79	98
武装力量部海军	12	—	—	12
自由雇佣	—	—	12	12
总计	490	139	104	733

---

① 表中前文未出现的俄文名称统一标注如下：机器和仪器工业部（ММиП）、通信器材工业部（МПСС）、农业机器制造部（МСХМ）、化学工业部（МХП）、重工业部（МТП）、造船工业部（МСП）、电气工业部（МЭП）、莫斯科军区（МВО）、驻德苏军集群（ГСОВГ）、武装力量部海军（ВМФ）。Из отчета о работе института Нордхаузен начальника института гвардии генерал-майора артиллерии Л. Гайдукова и главного инженера С. Королева [А]. Ивкин В И, Сухина Г А.Задача особой государственной важности. Из истории создания ракетно-ядерного оружия и Ракетных войск стратегического назначения（1945—1959гг）. Москва: РОССПЭН, 2010：120-121.

从模仿到创新
——苏联液体弹道火箭技术的发展（1944—1951）

由表 3-1 可见，苏联派驻德国的人员主要来自装备部、武装力量部和航空工业部等 10 个部委以及军方人员，还有少量自由雇佣人员。派出的人员主要是工程师和技术人员，其数量占派出人员总数的 67%。比较同年的苏德人员（表 3-2）可以发现，从事 V-2 火箭技术工作的德国人总数是苏联人的 8 倍多，而德国工程师和技术人员是苏联人的将近 2 倍。显然，有足够的德国人与苏联人一同工作，在实践中传授技术与经验。

表3-2　　在苏占区从事V-2火箭技术工作的苏德人员类型和数量比较[①]

国籍	工程师和技术人员	技师和工人	工作人员	总计
苏联人	490	139	104	733
德国人	840	3 851	1 179	5 870

军人是苏联火箭人才构成中的一支重要力量。1946 年初，近卫火箭炮兵部队的特韦列茨基（А.Ф. Тверецкий）将军在松德斯豪森附近组建特殊使命队（БОН），隶属于苏联最高统帅部预备队（РВГК）。考虑到未来工作的特点，这支队伍由驻德苏军集群的不同部队、兵团的军官和工程师组成，其主要成员都经过个别选拔。所有队员都在诺德豪森研究所不同部门的实际工作中，学习有关火箭的知识和技能，掌握火箭的测试和发射技术。他们后来成为战略火箭部队（РВСН）建立的基础。

近卫火箭炮兵部队官兵们在与诺德豪森研究所的专家们共同工作中进入火箭技术领域，并快速成长。他们回到苏联后，成为军方第一批火箭部队的基础，从中产生了试验发射场和火箭管理局的主要指挥官和负责人。比如，盖杜科夫担任总军械部喷气科学技术研究所副所长；索科洛夫领导总军械部喷气武器第 4 管理局（4-м Управления ГАУ），并下设专门从事火箭技术研究的军事研究所——第 4 科学研究所（НИИ-4 ГАУ），由涅斯捷连科（А.И.

[①] Из отчета о работе института Нордхаузен начальника института гвардии генерал-майора артиллерии Л. Гайдукова и главного инженера С. Королева [А]. Ивкин В И, Сухина Г А. Задача особой государственной важности. Из истории создания ракетно-ядерного оружия и Ракетных войск стратегического назначения（1945—1959гг）. Москва: РОССПЭН, 2010: 119-120.

第三章 苏联对德国 V-2 火箭的"恢复"与试验发射（1945—1947）

Нестеренко）任所长，绍尔任副所长；Н. 库兹涅佐夫领导海军喷气武器第 4 管理局（Управления №4）；秋林担任总军械部飞行理论部主任；沃兹钮克将军（В.И. Вознюк）担任卡普斯京亚尔国家试验场（ГЦП Капустин Яр）领导，指挥试验场建设。正如切尔托克所说："近卫迫击炮与现代航天火箭并没有什么共同之处，除了都利用了火箭的喷气原理。但是他们在战后我国航天火箭技术的历史中扮演了重要作用……他们首先表现出主动性，将我们在大火箭方面的最初工作置于自己的监护下。小'喀秋莎'为我们的大航天火箭技术提供了一代杰出的组织者和领导者。"[1]

苏联火箭技术专家，特别是科罗廖夫和格鲁什科的加入，无疑对德国的火箭恢复工作起到重要作用（图 3-11～3-13）。他们在火箭方面都有很强的理论和实践背景。在大清洗运动中，两人被内务人民委员部（НКВД）指控"参与到反苏组织中，在红军武器方面进行了积极破坏"[2]，于 1938 年分别被捕并判处 10 年和 8 年监禁。1945 年 9 月，他们先到柏林报到，继而考察苏联专家在德国各地的工作，之后去诺德豪森地区各自的工作地点。格鲁什科被任命为火箭发动机的总负责人，领导莱厄斯腾发动机试验站和诺德豪森郊区"蒙达尼亚"（Монтания）工厂的工作。他带领一批曾在喀山内务人民委员部特殊监狱，即第 16 工厂（Завод № 16），一起从事过 RD-1 和 RD-1XZ 火箭发动机[3]研制和试验的同事们来到德国，这些人对解读德国发动机起到了重要作用。

---

[1] Ершов Н В. Становление и развитие отечественной военно-космической деятельности（вторая половина 1940-х-первая половина 1970-х годов）[M]. Санкт-Петербург: Полторак, 2010: 35-36.

[2] Качур П И, Глушко А В. Валентин Глушко.Конструктор ракетных двигателей и космических систем [M]. СПб.: Политехника, 2008: 240.

[3] 战时苏联研制的 RD-1（РД-1）及其改进型 RD-1XZ（РД-1ХЗ）火箭发动机都是用于战斗机起飞的助推动力。这两种火箭发动机以硝酸和煤油为燃料，地面最大推力 300 千克力（约 2942 牛）。RD-1XZ 火箭发动机是苏联第一台通过飞行试验可以量产的液体火箭发动机。

从模仿到创新
——苏联液体弹道火箭技术的发展（1944—1951）

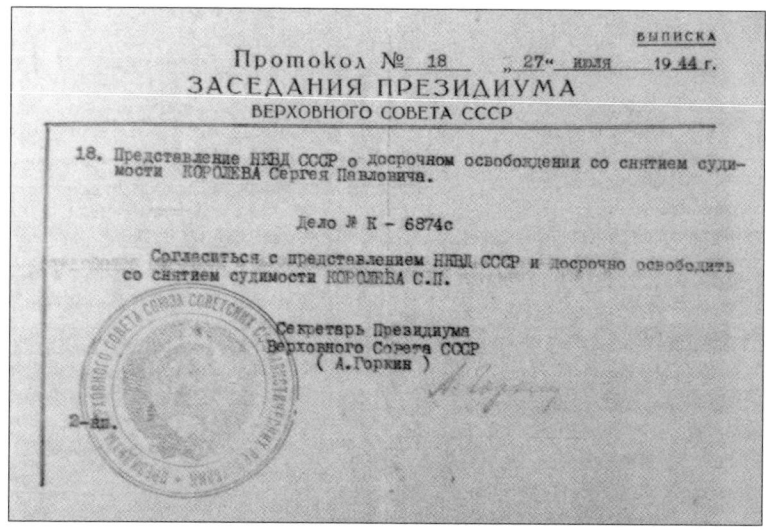

图 3-11　苏联最高苏维埃主席团提前释放科罗廖夫的会议记录（1944 年 7 月 27 日）[1]

图 3-12　科罗廖夫出狱后第一张照片[2]

图 3-13　科罗廖夫与 V-2 发动机（佩内明德）[3]

---

[1] Филина Л А. Нежные письма сурового человека: из архив Мемориального дома-музея академика С.П. Королёва [M]. М: Робин, 2007: 96-97.

[2] Королева Н С. С.П. Королев: Отец: К 100-летию со дня рождения: 1938—1956 годы [M]. Москва: Издательство Наука, 2007: 180.

[3] С.П. Королев [A]. РГАНТД. 1-11158. https://rgantd.ru/vystavki/korolev/pics/010_015.jpg.

第三章　苏联对德国 V-2 火箭的"恢复"与试验发射（1945—1947）

科罗廖夫的才能和性格对他领导火箭技术工作，以及在火箭领域地位的确立有着不可忽视的影响。盖杜科夫非常赏识和重用科罗廖夫，先指派他在布莱谢罗德组建独立的"发射"小组（группа выстрел），研究 V-2 火箭发射的工艺和组织管理工作，并请拉贝研究所予以帮助。于是，拉贝研究所为科罗廖夫提供了单独的办公室，并将沃斯克列先斯基、鲁德尼茨基（В.А. Рудницкий）等一些骨干人员拨给发射小组。诺德豪森研究所成立后，盖杜科夫任命科罗廖夫负责领导恢复 V-2 火箭的工作。

科罗廖夫在德国恢复 V-2 火箭工作达 16 个月。这也是他重新梳理自己在火箭技术领域所做探索的重要时期[①]。他在 1930 年代的喷气运动研究小组研究液体火箭，多年倾心于研制有翼火箭。战时，他在喀山研究火箭加速器（即喷气机助推动力），但火箭勉强到达同温层，期待有一种更远射程、能冲进大气层的火箭。1945 年 10 月中旬，英军邀请美国、苏联等盟军去英占区的库克斯港（Cuxhaven）参观 V-2 火箭的发射试验。科罗廖夫扮作苏联代表团的司机有幸到了发射现场[②]，终于第一次见到 V-2 火箭整体。他对这次参观印象深刻，回到苏占区后向同事们生动地讲述发射的细节。他讥讽英国人自己插不上手，完全指望德国人发射火箭[③]。通过这次参观，科罗廖夫看到了弹道火箭的广阔前景，将自己的工作从有翼火箭转到弹道火箭[④]。在德国的工作中，他表现出浓厚的职业兴趣、高度的专业素养和管理能力，成为专家中的权威。他的一位同事这样回忆："在德国科罗廖夫表现出明显的组织能力，他成为我们大量专家中非正式的领导，承担着合乎和不合乎他军衔的问题的

[①] Голованов Я К. Королёв：факты и мифы [M]. Том 2-е изд. М：Фонд Русские Витязи, 2007：10.

[②] 英军表示苏联可派 3 人代表团前来，苏方经讨论决定由近卫火箭炮兵部队佩内明德司令部的索科洛夫将军带队，其余 2 人是波别多诺斯采夫和格鲁什科。科罗廖夫刚来德国时，军衔比波别多诺斯采夫、格鲁什科要低，他们飞来德国时就是上校军衔，而科罗廖夫只是中校。但科罗廖夫表示非常感兴趣，于是扮成大尉作为索科洛夫将军的司机前往，秋林也以这种方式加入代表团，此外还有一名翻译，最后苏联派出了 6 人的代表团。

[③] Черток Б Е. Ракеты и люди.От самолетов до ракет [M]. Москва：Издательство РТСофт, 2010：303.

[④] Голованов Я К. Королёв：факты и мифы [M]. Том 2-е изд. М：Фонд Русские Витязи, 2007：34-35.

从模仿到创新
——苏联液体弹道火箭技术的发展（1944—1951）

决定——例如技术的、行政的。"①

正是在德国诺德豪森研究所，苏联人在恢复 V-2 火箭的过程中逐渐磨合出一支自己的核心技术团队和"领军人物"。科罗廖夫在诺德豪森成为整个火箭系统的专家。格鲁什科专注于液体火箭发动机，负责这个领域的全部工作。皮柳金较早来到德国，一直从事控制系统方面的工作，主要领导导航控制系统的研究。梁赞斯基研究远距离和高精度控制系统的工作，主要负责无线电导航与无线电控制系统。B. 库兹涅佐夫长期从事陀螺操纵装置的工作。巴尔明研制过火炮发射装置，负责研究火箭地面设备。他们实际代表了远程弹道火箭开发的主要领域。为了实现总体目标，这 6 位专家需要保持有效的交流与合作，自然而然地形成一组核心专家，或者说技术与管理的团队。他们至少在德国最后的几个月里，已经举行非正式的会议。回到苏联后，他们分别被任命为一系列火箭研究机构的总设计师。大约在 1947 年秋，在科罗廖夫的倡议下，他们组成非正式的组织——总设计师委员会（Совет главных конструкторов，表 3-3、图 3-14 和图 3-15）。

后来，苏联在第一代弹道火箭研制过程中，出现并要求解决大量的技术问题，这些问题是与不同部门开发的系统一致性有关。为了在火箭的开发和测试过程中立即进行协调和决策，建立了国家委员会，负责包括部委、部门、企业的行政和技术管理。国家委员会的形式非常成功和有效。组织里的总设计师们能够在行政领导在场的情况下，协调技术问题，这实际上缩减了官僚主义的繁文缛节和漫长的跨部门批准。这样，总设计师委员会实际上成为一个科学技术跨部门管理的非正式机构②。这个非正式的委员会成为对苏联航天事业发展举足轻重的技术智囊和组织中心。

---

① Королева Н С. С.П. Королев : Отец : К 100-летию со дня рождения : 1938—1956 годы [M]. Москва : Издательство Наука, 2007 : 209.

② 苏联火箭技术取得的辉煌成就，使得后来研究中出现了将此委员会视为正式的技术管理机构，并神化了其中每个杰出的火箭设计师的作用，但事实上目前并没有发现关于总设计师委员会制度化的文件。详见笔者文章：Ван Фан, Ю.М. Батурин. Коллегиальное техническое руководство в создании ракетно-космической техники [A]. First International Scientific Conference on the theme of "History of Science and Science of Science : Interdisciplinary Studies", 2018 : 88-89.

第三章　苏联对德国V-2火箭的"恢复"与试验发射（1945—1947）

表3-3　　　　　　　　第一代总设计师委员会成员简要介绍[①]

成员	生卒年	在德时间	时任职务
科罗廖夫	1907—1966	1945—1947	火箭整体系统总设计师，领导装备部88科研所第3设计研制部
格鲁什科	1908—1989	1945—1947	液体火箭发动机总设计师，领导航空工业部456试验设计局
皮柳金	1908—1982	1945—1947	自主控制系统副总设计师，领导通讯器材工业部885科研所自主控制方面的工作
梁赞斯基	1909—1987	1945—1947	无线电导航与无线电控制系统总设计师，任通讯器材工业部885科研所副所长、总工程师
B.库兹涅佐夫	1913—1991	1945—1947	陀螺操纵装置总设计师，领导造船工业部10科研所
巴尔明	1909—1993	1945—1947	地面加注、运输、发射装置总设计师，领导机器和仪器工业部专门机器制造国家设计局

科罗廖夫[②]

格鲁什科

皮柳金

① 表中前文未出现的俄文名称统一标注如下：456试验设计局（ОКБ-456）、885科研所（НИИ-885）、10科研所（НИИ-10）、专门机器制造国家设计局（ГСКБ）。表中专家皮柳金于1945年8月抵达德国，其余人均为同年9月抵达；所有专家于1947年1月离开德国。

② С.П. Королев（Берлин）1945—1946 гг.［А］. РГАНТД. 1-11159. http://vystavki.rgantd.ru/korolev/pics/010_003.jpg.

科技史新视角研究丛书　103

从模仿到创新
——苏联液体弹道火箭技术的发展（1944—1951）

梁赞斯基　　　　　　B. 库兹涅佐夫　　　　　　巴尔明

图 3-14　苏联第一代总设计师委员会成员（1945 年）[1]

图 3-15　总设计师委员会会议照片[2]

---

[1] 除科罗廖夫外，其他照片文献来自：Черток Б Е. Ракеты и люди.От самолетов до ракет [M]. Москва：Издательство РТСофт, 2010：304-305.

[2] 见 Королева Н С. С.П. Королев：Отец 2：К 100-летию со дня рождения：1938—1956 годы [M]. Москва：Издательство Наука, 2007：264. 从左至右依次为：切尔托克、巴尔明、梁赞斯基、科罗廖夫、皮柳金、B. 库兹涅佐夫、格鲁什科。

第三章　苏联对德国 V-2 火箭的"恢复"与试验发射（1945—1947）

1947 年 1 月，苏联专家从德国诺德豪森回到国内，进入不同的火箭研制机构，其中包括 88 科研所。早在 1946 年 8 月，装备人民委员部长乌斯季诺夫考察诺德豪森研究所，认可了科罗廖夫的出色工作。此时，苏联装备人民委员部正在国内筹建 88 科研所，领导们考虑谁来担当苏联未来远程弹道火箭总设计师这个关键职务。乌斯季诺夫在选择科罗廖夫还是选择西尼里什科夫[①]问题上，犹豫不决。当时在筹建中的 88 科研所，来自炮兵的专家占大多数，火炮专家西尼里什科夫是大家普遍看好的一位候选人。他性格随和，历史背景"清白"[②]。科罗廖夫性格执拗，不唯命是从，对他人要求严厉，人们与他共事可能不轻松。不过，经历了大清洗运动，他言行比过去谨慎了许多。最终，乌斯季诺夫选择了科罗廖夫，于 1946 年 8 月 9 日任命他担任远程弹道火箭的总设计师[③]。事实证明，这个正确的决策对苏联未来航天事业的影响非同寻常。

火箭技术的长远发展仰赖青年人才的培养。按照《喷气武器问题决议》，苏联高等教育部（MBO）负责组织高等院校和综合性大学，培训火箭技术工程师和科学工作者，并且让其他专业的高年级大学生尽快转学火箭武器专业，以保证 1946 年底前高等技术院校火箭武器专业的首批毕业生不少于 200 名，综合性大学相关专业毕业生不少于 100 名。此外，喷气技术特别委员会与高等教育部一起，从高教科研机构与其他部委中挑选 500 名专家，进行重新培训，之后派遣到从事火箭武器研究的各部工作[④]。显然，专业人才的持续培养是苏联航天持续发展与不断创新的一个重要条件。

---

① 西尼里什科夫（Е.В. Синильщиков）:炮兵专家，后担任装备部 88 科研所第 4 设计研制部总设计师，领导德国"瀑布"和"蝴蝶"对空火箭的恢复，以及苏联对空火箭武器的研制工作。

② 切尔托克在回忆中写道：炮兵专家系统里，"如果有可靠的自己人，为什么要选择一个外人呢？" 参见文献：Черток Б Е. Ракеты и люди. Подлипки-Капустин Яр-Тюратам [M]. Москва: Издате-льство РТСофт, 2011: 93.

③ 在是否选择科罗廖夫作为远程火箭总设计师这件事上，还有一些人的意见对乌斯季诺夫的决定有所影响。如诺德豪森研究所的同事们都支持科罗廖夫。乌斯季诺夫曾询问波别多诺斯采夫和米申的意见。对于科罗廖夫曾被捕一事，在波别多诺斯采夫看来就像生了场病而已，已经康复了；而米申也表示科罗廖夫不会害怕任何困难。参见文献：Голованов Я К. Королёв: факты и мифы [M]. Том 2-е изд. М: Фонд Русские Витязи, 2007: 68.

④ Под ред.Ю.М.Батурина. Советская космическая инициатива в государственных документах 1946—1964гг.[M]. Москва :Издательство РТСофт, 2008: 35.

从模仿到创新
—— 苏联液体弹道火箭技术的发展(1944—1951)

第三节 苏联人对 V-2 火箭技术的成功"恢复"

1946年5月13日,苏联部长会议《喷气武器问题》决议,确立了在德国火箭技术经验基础上发展本国火箭武器的路径。苏联人利用与德国专家的合作,修复德国已有的火箭工厂和技术资料,复原V-2火箭的设计制造,逐步掌握火箭整体、发动机和控制系统的设计、制造、组装、测试与发射准备等技术,为以后的发展奠定了各方面的坚实基础。

一、苏联恢复V-2火箭的准备工作

苏联在与美国争夺德国火箭技术的过程中总体上处于下风,这直接导致了苏联人恢复V-2火箭技术的困难局面。佩内明德火箭研究中心留给苏联人的主要是沉重的大型试验台、各种燃料和氧化剂的贮存车、两座大型氧气工厂、可运行的发电站,以及各种火箭零件[1]。在诺德豪森的米特尔维克地下火箭工厂能找到的也只是零散的V-2火箭部件,以及为数不多的技术文件[2]。在1945年7月开始的系统性收集工作中,苏联人又找到一些有价值的V-2火

---

[1] Доклад записка А И. Шахурина Г. М. Маленкову от 8 июня1945г. о результатах обследования германского реактивного научно-испытательного института в Пенемюнде[A]. Ивкин В И, Сухина Г А. Задача особой государственной важности. Из история создания ракетно-ядерного оружия и Ракетных войск стратегического назначения(1945—1959 гг). Москва: РОССПЭН, 2010: 17.(1945年6月8日沙胡林致马林科夫关于德国佩内明德喷气科学试验研究所调查结果的报告记录)

[2] Докладная записка Д Ф, Устинова и других И В. Сталину об ознакомлении с работами по реактивному вооружению в Германии[A]. Ивкин В И, Сухина Г А.Задача особой государственной важности. Из история создания ракетно-ядерного оружия и Ракетных войск стратегического назначения(1945—1959 гг). Москва: РОССПЭН, 2010: 54.(乌斯季诺夫等致斯大林关于对德国喷气武器工作的了解报告)

第三章 苏联对德国 V-2 火箭的"恢复"与试验发射（1945—1947）

箭零部件和图纸等，但仍未得到完整的 V-2 技术文件①，尤其是缺乏控制系统的技术资料和器材。

苏联人充分利用德国诺德豪森地区原有的火箭工厂开展工作，这个做法是德国专家建议的②。在德国专家的帮助下，切尔托克等苏联人在诺德豪森的拉贝研究所和各研究小组实现了对德国火箭工厂和设备的修复、V-2 火箭技术资料和零部件的大范围搜集，以及初期的研究组织工作。拉贝研究所的库里洛领导小博敦根德国火箭修理厂的工作，负责集中起诺德豪森地下工厂的 V-2 零部件、试验台和其他设备，组织装配火箭零部件并修理地面设备。经粗略清点火箭头部、中段和尾部的数量，他们有望组装不少于 15~20 个火箭整体③。拉贝研究所的帕洛组织一批苏德发动机专家修复莱厄斯腾带有制氧工厂和试验台的发动机试验站。专家们利用在不同工厂找到的制造发动机的工艺设备和装备，重建了诺德豪森郊区的蒙达尼亚工厂的生产车间，用于生产发动机。一些专家还在瑟默达莱茵金属公司试验工厂的基础上，建立了奥林匹亚（Олимпия）苏德设计局，从事技术文件和工艺设备的恢复。到 1946 年 5 月诺德豪森研究所成立时，德国的火箭技术恢复工作已经形成很有规模的布局。

搜集和恢复 V-2 火箭的工艺文件和图纸资料，是火箭生产中各部门的首要任务。由于没有得到控制飞行的大多数组合件的资料，控制系统的资料恢复一度陷入困境。米申领导的研究小组在捷克斯洛伐克的布拉格成功发现了一些德军档案，其中包括 V-2 火箭的技术资料。尽管这份资料不完整，缺少

---

① Докладная записка Н Д. Яковлева и других И. В. Сталину о результатах пусков ракет Фау-2 [A]. Ивкин В И, Сухина Г А.Задача особой государственной важности. Из истории создания ракетно-ядерного оружия и Ракетных войск стратегического назначения（1945—1959 гг）. Москва: РОССПЭН, 2010: 136.（雅科夫列夫等致斯大林关于 V-2 发射结果的报告）

② 这是 1945 年 7 月苏联人首次考察诺德豪森时，德国工程师罗森普伦特给出的建议。Черток Б Е. Ракеты и люди. От самолетов до ракет [M]. Москва: Издательство РТСофт, 2010: 258.

③ Черток Б Е. Ракеты и люди. От самолетов до ракет [M]. Москва: Издательство РТСофт, 2010: 270.

从模仿到创新
——苏联液体弹道火箭技术的发展(1944—1951)

总体图、线路图、计算和说明,却成为恢复 V-2 火箭技术资料的核心部分[①],推进了工作进展。当苏联人结束在德国的工作时,诺德豪森研究所的主要技术部门(包括控制部、火箭设计部、发动机设计部、点火试验部、地面设备部、试验发射部、引爆部、总工艺师与总冶金师部)都恢复了各自负责部分的 V-2 火箭技术资料、工艺文件和图纸(图 3-16)。此外,专家们还完成了一系列物理、化学和技术等方面的计算分析,编写出详细的技术细则和技术规程,并翻译制成俄文参考手册(图 3-17)。

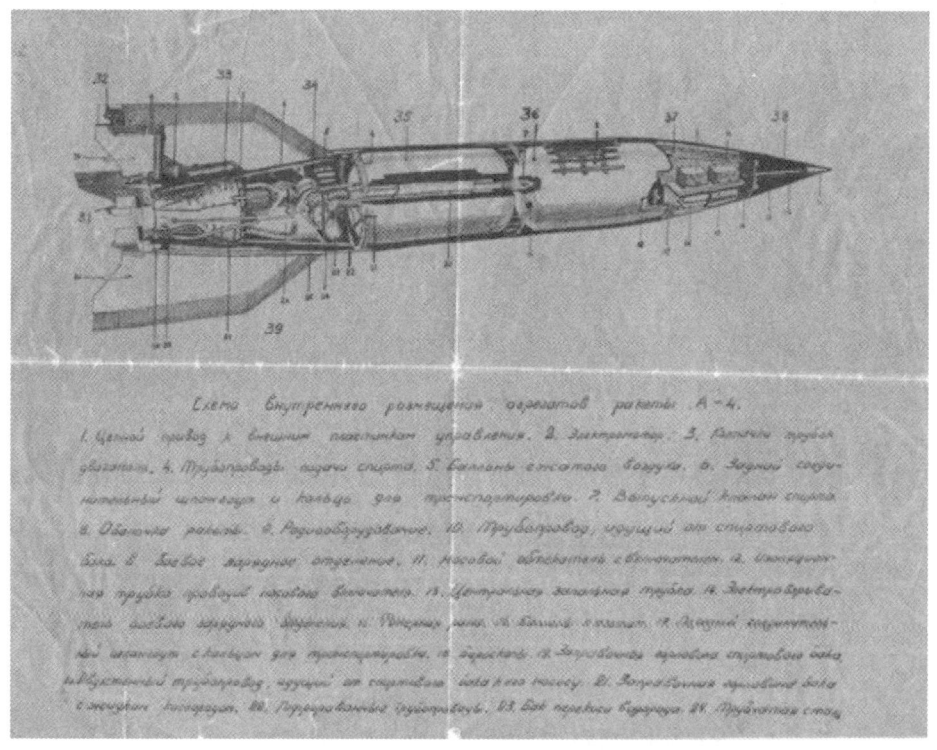

图 3-16 苏联专家绘制的 V-2 火箭组合件布置图[②]

---

① Качур П И, Глушко А В. Валентин Глушко. Конструктор ракетных двигателей и космических систем [M]. СПб.: Политехника, 2008: 399.

② Схема размещения агрегатов ракет А-4 [A]. РГАНТД. Ф.133 оп.3 д.69. http://vystavki.rgantd.ru/korolev/pics/010_005.jpg.

第三章　苏联对德国 V-2 火箭的"恢复"与试验发射（1945—1947）

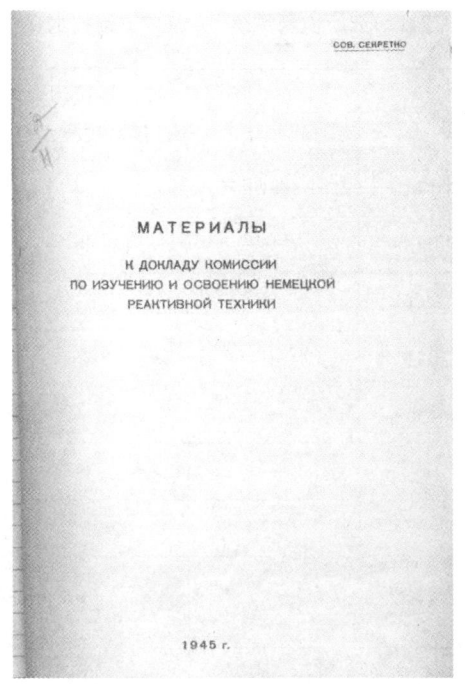

图 3-17　苏联研究并掌握德国火箭技术委员会的工作报告（1945 年）①

到德国的工作结束时，苏德专家恢复并编写的技术文件量已非常有规模（表 3-4），图纸达 18 568 张，工艺规程达 6 338 份，技术规程达 314 种，说明、报告和技术细则共 492 种。这些资料不仅涉及 V-2 火箭，还包括提高射程的改进型火箭方案。考虑到未来在本土生产火箭的需要，苏联喷气技术特别委员会要求增加文件和图纸的复制数量，以保证众多研究机构的需要，并规定所有资料底稿统一归到 1946 年 5 月建立的苏联装备部 88 科研所保存。

---

① Материалы к докладу комиссии по изучению и освоению немецкой реактивной техники [A].1945 г. http://www.rusarchives.ru/vystavka/chertok/pics/02-10-1-doklad-komissia-izuchenie-reaktivnoj-tehniki-germany.jpg.

从模仿到创新
——苏联液体弹道火箭技术的发展（1944—1951）

表3-4　　　　诺德豪森研究所恢复并编写的V-2火箭技术资料概况①

研究所部门	图纸/页	工艺规程/页	技术规程和全苏技术规程/种	说明、报告、技术细则等/种
控制部	4 174	500	24	217
火箭设计部	2 083	—	54	63
发动机设计部	1 406	—	63	27
点火试验部	1 093	—	1	34
地面设备部	7 250	—	—	47
试验发射部	—	—	38	63
引爆部	1 087	1 970	5	5
总工艺师与总冶金师部	1 475	3 868	129	36
总计	18 568	6 338	314	492

二、苏联人对 V-2 火箭技术的成功破解

苏联人在发动机零部件的获得上较其他方面有明显优势。他们在莱厄斯腾的地下仓库找到50多套用于测试的全新的燃烧室；在莱厄斯腾周边地区还发现了58个车厢的 V-2 火箭燃烧室、5个车厢的发射和运输设备，以及9辆液氧运输车②；在铁路线上发现了从佩内明德运出物品的列车，其中有15个车厢的 V-2 火箭发动机，以及运输火箭的拖车、液氧运输与加注车、酒精加注车和其他地面设备③。这些成为开展火箭发动机研究的充足资源。

发动机研究小组的领导者帕洛和格鲁什科，尤其是后者对恢复德国火

---

① Из отчета о работе института Нордхаузен начальника института гвардии генерал-майора артиллерии Л.Гайдукова и главного инженера С. Королева [A]. Ивкин В И, Сухина Г А.Задача особой государственной важности. Из истории создания ракетно-ядерного оружия и Ракетных войск стратегического назначения (1945—1959 гг). Москва: РОССПЭН, 2010: 115.
② Черток Б Е. Ракеты и люди. От самолетов до ракет [M]. Москва: Издательство РТСофт, 2010: 314.
③ Черток Б Е. Ракеты и люди. От самолетов до ракет [M]. Москва: Издательство РТСофт, 2010: 311.

第三章 苏联对德国 V-2 火箭的"恢复"与试验发射（1945—1947）

箭发动机技术起了很大作用。通过整理与分析图纸、技术文件和工艺资料，发动机专家们从整体上熟悉了 V-2 火箭发动机的技术，以便更深入地研究其结构和工艺。在发动机装配方面，苏联专家先布置工作内容，然后由德国的 20 个"有文凭的"工程师、11 个工艺师、30 个左右的技师和熟练工人与苏联专家一起工作[①]。德国人负责弄清设计文件中的发动机结构和工艺，用收集的组合件和设备完成示范性装配。苏联人在此过程中观察学习，直至能够独立完成装配。安东诺夫（Антонов）、加拉宁（Гаранин）、尼茨科维奇（Ницкевич）、库尼岑（Куницын）等 11 名苏联专家组成的小组在蒙达尼亚的发动机总装配车间工作，他们掌握了装配的工艺过程，独立组装了 12 个 V-2 火箭发动机，并完成了必要的作业和检测[②]。

苏联人原来研制的液体火箭发动机推力不超过 1 200 kg[③]，而 V-2 火箭的发动机推力达 25 t。要达到这样的性能跨越，并不仅仅是增大燃烧室尺寸那么简单，还需深入解决发动机制造、涡轮制造等许多复杂问题，以及燃烧室喷嘴及其布局、喷注、混合气形成、温度场和冷却等技术问题。苏联人缺乏解决这些实际问题的技术经验和理论积累[④]，因此借鉴德国人现成的技术和产品就显得尤为重要。

在装配试验的工艺方面，苏联人采取了与战时德国人不同的做法，或者说做出了创新。战时，德国人将发动机和涡轮泵组分别在两地进行测试和预处理，然后到诺德豪森地下火箭工厂进行火箭整体组装时再将二者连接起来。苏联人认为发动机装置的输出性能，整体上是由发动机和涡轮泵组共同

---

① Рахманин В О. немецком следе в истории отечественного ракетостроения [J]. Двигатель, 2005（2）：23-51.

② Из отчета о работе института Нордхаузен начальника института гвардии генерал-майора артиллерии Л.Гайдукова и главного инженера С. Королева [A]. Ивкин В И, Сухина Г А.Задача особой государственной важности. Из история создания ракетно-ядерного оружия и Ракетных войск стратегического назначения（1945—1959 гг）. Москва: РОССПЭН, 2010: 119.

③ Докладная записка Д.Ф. Устинова и других И.В. Сталину об ознакомлении с работами по реактивному вооружению в Германии [A]. Ивкин В И, Сухина Г А.Задача особой государственной важности. Из история создания ракетно-ядерного оружия и Ракетных войск стратегического назначения（1945—1959гг）. Москва: РОССПЭН, 2010: 55.

④ Черток Б Е. Ракеты и люди. От самолетов до ракет. Москва: Издательство РТСофт, 2010: 305.

从模仿到创新
——苏联液体弹道火箭技术的发展（1944—1951）

工作条件下确定的[①]。因此，他们采取将发动机装置进行整体测试，成功后再组装到火箭上。近年有俄国专家认为，苏联在火箭的某些单独部件方面比德国更为先进[②]。例如，苏联在20世纪30年代研制的燃烧室翅片壁比V-2火箭的光滑壁具有更好的冷却效果；苏联液体火箭发动机广泛应用离心式喷嘴，比V-2火箭的喷射式喷嘴能更好地确保混合气的形成；格鲁什科在到德国前研制成功的RD-1XZ火箭发动机中使用的化学点火方式比V-2火箭的火药点火方式更为安全可靠。

地面试车对火箭发动机的研制非常重要（图3-18）。从某种意义上讲，火箭发动机是试出来的。切尔托克的一段回忆，生动地描述了专家们在最初试验发动机时所面临的困难和表现出的勇气："最初几乎是盲目的'比划'，有时还有生命危险——试车台上和火箭发射时常发生火灾和爆炸。我们善意地取笑发动机专家们，阴险地问：首次飞行前到底多少次发动机爆炸是合适的？由于各种各样的低频和高频脉冲，他们一直被最高单位推力和燃烧稳定性等问题所困扰。这种脉冲会产生振动，最初破坏发动机周围的所有装置，然后炸掉整个发动机。但是，为了不惊吓首长，'爆炸'这个词被替换为术语'燃烧室打开'。"[③]

苏联人像战时的德国人那样，进行了大量V-2火箭发动机地面试车，对其性能与调试工艺做了大胆的探索，消耗了一些发动机成品。1945年7—9月，帕洛等苏联发动机专家集中学习并掌握V-2火箭发动机的测试与调整技术。在莱厄斯腾，他们将发动机置于不同状态下，进行了40多次地面试车。通过远超出推力设计极限的试验，他们发现发动机的推力可从原本的25 t增加至35 t[④]。苏联人还与德国魏达（Weida）的物理研究所取得联系，在这里招募了德国计量专家乌姆芬巴赫。在乌姆芬巴赫的带领下，苏德专家对发动机技术的测定工艺做了许多探索，完成了推力特性的计量工艺、液氧喷嘴和酒

[①] Черток Б Е. Ракеты и люди. От самолетов до ракет [M]. Москва: Издательство РТСофт, 2010: 310.

[②] Рахманин В О. немецком следе в истории отечественного ракетостроения [J]. Двигатель, 2005（2）: 23–51.

[③] Черток Б Е. Ракеты и люди. От самолетов до ракет [M]. Москва: Издательство РТСофт, 2010: 351.

[④] Черток Б Е. Ракеты и люди. От самолетов до ракет [M]. Москва: Издательство РТСофт, 2010: 311.

第三章　苏联对德国 V-2 火箭的"恢复"与试验发射（1945—1947）

精喷嘴的溢出、燃料管路中节流阀门的计算与选择，以及对燃烧室和气体发生器燃料组元的理化特性快速分析等研究。最终，苏联人在发动机及其测试工艺，以及推力、温度、流量特性等方面积累了大量数据，形成了 22 份试验报告[①]，为后续研究打下了基础。

图 3-18　V-2 发动机地面试车（莱厄斯腾，1945 年 9 月）[②]

---

① Черток Б Е. Ракеты и люди. От самолетов до ракет [M]. Москва: Издательство РТСофт, 2010: 351.
② Черток Б Е. Ракеты и люди. От самолетов до ракет [M]. Москва: Издательство РТСофт, 2010: 304-305.

从模仿到创新
——苏联液体弹道火箭技术的发展(1944—1951)

1946年1月,格鲁什科开始主持两方面的专题研究[①-②]:其一,为增加V-2火箭射程、提升发动机推力,深入开展发动机的改进研究;其二,为支持小博敦根火箭整体组装工作,进行V-2火箭发动机整体试车。第一项工作由德国人施瓦茨和西格蒙德(Sigmund)负责。他们尝试选用新的燃料类型,提高燃烧室压力,并做相应的设计改变,以达到研制大功率火箭发动机的目的。施瓦茨和乌姆芬巴赫负责简化发动机组合件设计,研制带有喷注器的发动机。施瓦茨还负责研究设计推力为75~100 t的大功率火箭发动机。第二项工作是在德国人的帮助下,由苏联发动机专家进行的。他们共完成200多次V-2火箭发动机试车,发现推力达到32 t时发动机仍能稳定工作,个别情况下,推力可达35~37 t[③]。通过这些试验,锻炼了一批苏联专家。沙布拉斯基(В.Л. Шабранский)、费定(Федин)、戈尔舍奇尼科夫(Горшечников)三位工程师率领装备部的15名年轻技术人员,掌握了燃烧室试验的工艺过程,独立制造、试验并修理了54个燃烧室[④]。通过试验,他们得到了关于各种性能、指标的大量珍贵数据,后来用于苏联本国R-2(Р-2)、R-3(Р-3)、

---

① Из тематического плана и сметы расходов по Специальной технической комиссии с сопроводительным письмом заместителя председателя Специальной технической комиссии в Германии Г.А. Тюлина начальнику Научно-технического отдела уполномоченному Особого комитета при СНК СССР по Германии Ю.Н. Соловьеву[А]. Ивкин В И, Сухина Г А.Задача особой государственной важности. Из история создания ракетно-ядерного оружия и Ракетных войск стратегического назначения(1945—1959 гг). Москва:РОССПЭН, 2010:23-27.(专门技术委员会的专题计划和经费预算。附驻德专门技术委员会副主席秋林给驻德苏联人民委员会下属的特别委员会科学技术部部长索洛维约夫的信)

② Из плана работ Специальной технической комиссии в Германии по изучению немецкой ракетной техники на 1946 г.[А]. Ивкин В И, Сухина Г А.Задача особой государственной важности. Из история создания ракетно-ядерного оружия и Ракетных войск стратегического назначения(1945—1959 гг). Москва: РОССПЭН, 2010: 33-35.

③ Из отчета о работе института Нордхаузен начальника института гвардии генерал-майора артиллерии Л.Гайдукова и главного инженера С. Королева[А]. Ивкин В И, Сухина Г А.Задача особой государственной важности. Из история создания ракетно-ядерного оружия и Ракетных войск стратегического назначения(1945—1959 гг). Москва: РОССПЭН, 2010: 116.

④ Из отчета о работе института Нордхаузен начальника института гвардии генерал-майора артиллерии Л.Гайдукова и главного инженера С. Королева[А]. Ивкин В И, Сухина Г А.Задача особой государственной важности. Из история создания ракетно-ядерного оружия и Ракетных войск стратегического назначения(1945—1959 гг). Москва: РОССПЭН, 2010: 120.

第三章 苏联对德国 V-2 火箭的"恢复"与试验发射（1945—1947）

R-5（Р-5）火箭发动机的研制。

　　与发动机研究有充足的零部件资源不同，控制专家面临的一个极为困难的情况是箭载控制仪器和设备的稀缺。在之前的考察和对德国专家的询问中，苏联人已经明白 V-2 火箭控制系统的重要性、复杂性和精度不够准确等问题，但在后续大范围的搜集中并没有获得足够的箭载控制仪器。苏联人在诺德豪森发现一台陀螺稳定平台。В. 库兹涅佐夫表示要将此仪器送回莫斯科自己的研究所进行研究，而皮柳金强烈反对，两人为此发生严重冲突。之后，两人的分歧在于到底由谁来研制陀螺仪器、陀螺仪器应该是什么样的①。苏联专家在布莱谢罗德附近的钾矿山里找到一套珍贵的维多利亚装置。德国人还从西方占领区找到一些箭载电气仪表，包括交换放大器、主分配器和临时配电器，以及装配和试验所必需的继电器等②。苏德专家利用有限的控制系统零部件，尝试进行组装、恢复和试验。此外，苏联人采取订购和调动国内研究机构现有资源的方式增添控制仪器。

　　拉贝研究所将收集和恢复控制系统仪器和设备作为自己的主要任务，在德国建立了陀螺仪、舵机、无线电仪器等试验室和设计局。后来，还在松德斯豪森建立专门的工厂，生产电气设备。按照苏联专家的布置，先由德国人完成仪器的示范组装工作，而后由苏联人学习掌握。巴卡诺夫（Баканов）领导 6 名苏联造船工业部的技师，掌握了水平仪和稳定仪的组装与调试技术，独立制造了 10 个仪器③。苏联通信器材工业部的格拉兹科夫（Глазков）和金兹布鲁克（В.Л. Гинзбург），苏联总军械部的索洛韦伊（Соловей）、米尔佐扬（Мирзоян）和斯塔里科夫（Стариков）等工程师研究并完善了控制技术。克里莫夫大尉与来自莫斯科 20 无线电科研所（НИИ-20）的杰格佳连科（Г.И. Дегтяренко）一起负责恢复 6 套十分稀少的墨西拿箭载无线电遥测装

---

① Черток Б Е. Ракеты и люди. От самолетов до ракет［M］. Москва: Издательство РТСофт, 2010: 271.

② Черток Б Е. Ракеты и люди. От самолетов до ракет［M］. Москва: Издательство РТСофт, 2010: 323.

③ Из отчета о работе института Нордхаузен начальника института гвардии генерал-майора артиллерии Л.Гайдукова и главного инженера С. Королева［A］. Ивкин В И, Сухина Г А.Задача особой государственной важности. Из история создания ракетно-ядерного оружия и Ракетных войск стратегического назначения（1945—1959 гг）. Москва: РОССПЭН, 2010: 120.

从模仿到创新
——苏联液体弹道火箭技术的发展（1944—1951）

置。青年工程师斯捷潘（Г.А. Степан）来自莫斯科仪器制造工厂，以前未曾研究过电动液压舵机。他在皮柳金和切尔托克的指导下，研究舵机的构造和基本理论，为火箭制成了舵机和操纵可控气动翼的电机调整片。莫斯科627科研所（НИИ-627）所长约瑟菲扬（А.Г. Иосифьян）是随动系统和电动同步通信的著名专家，他帮助开展电机方面的研究。

对陀螺仪的恢复，除修复外还采用了订购的方式。苏联专家找到位于耶拿（Jena）的蔡司（Zess）公司，1946年3—4月向该公司订购了20多套陀螺仪——水平仪、稳定仪和积分仪，同年9月，蔡司公司就完成了订单。不过，德国专家抱怨这些设备没有达到西门子公司的制造精度。苏联专家于1947年夏天在国内进行V-2火箭试验时才意识到这个问题[①]。

实际上，苏联人在控制系统方面有一定的理论和实践基础，具备较为坚实的电机和无线电技术理论基础，以及飞机自动驾驶的经验，并已将陀螺技术成功应用于航海[②]。他们将一些组装好的仪器和各种部件运回国内，由国内的科研机构帮助完成部分控制系统装置和仪器的恢复和改进。根据1946年5月通过的《喷气武器问题》决议，苏联通信器材工业部885科研所（НИИ-885）主要承担导航和控制系统的研究工作。这个研究所于1947年完成了变换放大器及其检测仪器，以及维多利亚无线电导航装置的恢复，改进后用于本国R-1、R-2火箭的控制系统。另外，885研究所研制了一些短缺的组合件、地面控制站天线和箭载接收器。

苏德专家还开展了控制系统方面的专题研究，如赫尔曼领导开展V-2火箭控制仪器新方案的研究和试验；格勒特鲁普主持火箭弹道、飞行稳定性，以及远程火箭设计和测试方面的理论和试验；布申贝格（Buschberg）负责火箭飞行轨迹无线电技术监测系统的设计和角度检测试验；还有飞行稳定性、空气密度和周围温度对火箭发射准确性的影响等研究。到1946年10月时，苏德专家恢复并制造了35套箭载自动稳定仪器，完成23套箭载墨西

[①] Черток Б Е. Ракеты и люди. От самолетов до ракет [M]. Москва：Издательство РТСофт, 2010：323.

[②] Черток Б Е. Ракеты и люди. От самолетов до ракет [M]. Москва：Издательство РТСофт, 2010：307.

第三章 苏联对德国V-2火箭的"恢复"与试验发射（1945—1947）

拿-1无线电遥测系统及15套尚未装配的箭载仪器①。特别是霍赫博士研制出用于弹道模拟的自动计算装置——班模拟装置（Banmodel）。尽管它与现代电子计算机相差甚远，但首次实现了可变系数情况下对火箭运动方程的模拟。1947年秋天，苏联在本土发射V-2火箭，应用了这些新研制的仪器，验证并总结了实际功效。

利用恢复的V-2火箭零部件和仪器设备，苏德专家在小博敦根火箭修理工厂进行V-2火箭的整体组装，并于诺德豪森地下火箭工厂完成工艺测试。在德国的工作结束时，他们共装配出35枚适于发射的V-2火箭，还配套了可组装10枚火箭的零部件，预备未来在苏联工厂中进行火箭组装教学使用②。石墨舵在当时的德国无法制造，因此这些组装好的火箭未配齐这一部件。此外，秋林和德国人沃尔夫领导一些苏德专家完成了所有与V-2火箭强度、空气动力学、弹道学有关，以及利用翼面提高火箭飞行高度的计算。这方面已有的计算资料不多，很多数据都是重新计算得到的。由于佩内明德的大型风洞实验室遭到严重破坏，专家们无法通过火箭模型的风洞试验获得空气动力学数据。然而，苏德专家通过模拟计算获得的结果，比美国靠风洞试验得到的数据更廉价、更快捷③。

V-2火箭的恢复工作还包括掌握发射技术。科罗廖夫和沃斯克列先斯基先后领导发射小组，研究火箭发射前的准备技术、地面加灌和发射装置、瞄准技术、飞行任务计算、点火小分队技术细则和所有必要的技术文件等。考虑到在德国工作的特点及回国后继续工作的前景，苏联专家认为V-2火箭的

---

① Из отчета о работе института Нордхаузен начальника института гвардии генерал-майора артиллерии Л.Гайдукова и главного инженера С. Королева [A]. Ивкин В И, Сухина Г А.Задача особой государственной важности. Из история создания ракетно-ядерного оружия и Ракетных войск стратегического назначения（1945—1959 гг）. Москва:РОССПЭН, 2010:116.

② Из отчета о работе института Нордхаузен начальника института гвардии генерал-майора артиллерии Л.Гайдукова и главного инженера С. Королева [A]. Ивкин В И, Сухина Г А.Задача особой государственной важности. Из история создания ракетно-ядерного оружия и Ракетных войск стратегического назначения（1945—1959 гг）. Москва:РОССПЭН, 2010:116.

③ Альбринг В. Городомля немецкие исследователи ракет в России [M]. Санкт-Петербург Европейский дом, 2005:41.

从模仿到创新
——苏联液体弹道火箭技术的发展（1944—1951）

发射技术恢复应以更灵活的方式完成。1945年11月，他们提出利用德国的车厢制造公司研制火箭专列的计划，要求能保障在任何荒凉的地方完成火箭试验和发射的整个过程，而不需要除铁道外的任何基础设施。格勒特鲁普负责V-2火箭发射试验的专项研究，包括队伍组建和火箭专列的制造。这项工作于1946年1月开始迅速实施，位于哥达（Gotha）的德国车厢制造公司负责制作列车，小博敦根火箭修理工厂和诺德豪森研究所控制部承担设备装配，同年12月就完成了两辆火箭专列的全部制造工作。每辆火箭专列都由4种功能的车厢组成：用于检测发动机、飞行控制等仪器和装置的试验室车厢，用于完成火箭组合件和所有地面辅助设备例行修理的机电修配车厢，用于运输火箭、地面设备的平板车厢和油罐车，以及适于工作人员日常生活的公务车箱①。这两辆火箭专列分别提供给苏联工业部委和军方，每辆专列的价值约250万马克②。由于仪器设备缺乏，两辆专列制造中出现了争夺设备的紧张局面，这或许是在德国期间苏联工业部门与军方唯一的一次冲突③。

综上所述，在V-2技术恢复的各专业领域，苏德专家的分配与协作如表3-5所示。

表3-5　　　　　V-2火箭技术恢复中苏德专家的分配与协作④

工作领域	德国专家	苏联专家
空气动力学和弹道学	沃尔夫、霍赫、阿尔布林	秋林

---

① 1号火箭专列有67节车厢，2号火箭专列有70节车厢。
② Донесение уполномоченного Специального комитета при Совете Министров СССР по Германии Н.Э. Носовского Главноначальствующему СВАГ В.Д. Соколовскому о состоянии работы по изготовлению специального поезда № 2 для исследования немецких ракет А-4［A］. Ивкин В И, Сухина Г А. Задача особой государственной важности. Из история создания ракетно-ядерного оружия и Ракетных войск стратегического назначения（1945—1959 гг）. Москва: РОССПЭН, 2010: 68-70.（苏联部长会议下属驻德专门委员会诺索夫斯基致苏联驻德国军事管理总局索科洛夫斯基的工作汇报，关于为德国火箭V-2制造2号火箭专列的工作情况）
③ Черток Б Е. Ракеты и люди. От самолетов до ракет［M］. Москва:Издательство РТСофт, 2010:323.
④ 笔者绘制。表中专家及所从事的工作，均来自前文所述；由于专家人数众多，仅选择主要人物列出。

第三章 苏联对德国 V-2 火箭的"恢复"与试验发射（1945—1947）

（续表）

工作领域	德国专家	苏联专家
控制系统	格勒特鲁普、赫尔曼、马格努斯	梁赞斯基、皮柳金、切尔托克
无线电系统	奈德哈德、布申贝格	梁赞斯基、皮柳金、克里莫夫、博古斯拉夫斯基、杰格佳连科
陀螺仪器	马格努斯、费迪南德	B. 库兹涅佐夫、巴卡诺夫
舵机	拉西格	斯捷潘、约瑟菲扬
发动机	施瓦茨、鲍姆、乌姆芬巴赫、西格蒙德、蔡泽、马西斯	帕洛、格鲁什科
地面发射装置和加灌设备	雅斯佩尔（Jasper）	巴尔明、鲁德尼茨基
发射的工艺和组织工作	格勒特鲁普、菲巴赫	科罗廖夫、沃斯克列先斯基、鲁德尼茨基
提高 V-2 射程的改进设计	格勒特鲁普	科罗廖夫、米申、布德尼克

三、苏德专家向苏联的转移

不论来到苏占区的德国人是因为金钱、食物的利诱，或是被迫的，整体而言，他们在工作中表现出的状态是积极乐观的。

据苏联档案记载，德国人工作的总体情况令人满意，他们中的很多人积极投入工作，努力在规定期限内完成自己的任务[1]。这从德国专家的回忆录中也能得到印证，阿尔布林称那时的住房、生活保障、找工作的困难，所有这

---

[1] Докладная записка уполномоченного МВД СССР в Германии И.А. Серова министру внутренних дел СССР С.Н. Круглову о работе по оказанию помощи институтам, работающим в Германии по реактивной технике, и об агентурно-оперативном обслуживании этих институтов [A]. Ивкин В И, Сухина Г А. Задача особой государственной важности. Из истории создания ракетно-ядерного оружия и Ракетных войск стратегического назначения (1945—1959 гг). Москва: РОССПЭН, 2010: 59.

从模仿到创新
——苏联液体弹道火箭技术的发展（1944—1951）

些问题都解决了，德国同志们的心情在乐观主义的顶峰，有一次霍赫说，"我们现在处在最高效精明的年纪，从事重要任务的工作这很好。我想在遥远未来的什么时候，我们的地球会不适合生活，人类需要转移到其他星球，而我们研制了火箭，未来的交通方式，我们是先驱者。"①而格勒特鲁普也充满乐观主义，他强调现在对自己最重要的是聚集强有力的科研队伍②。

在德国的火箭技术研究中，苏德专家同属于一个组织，在同一目标下共同工作，这种工作方式为专家间的充分交流创造了很好的氛围，这并不仅指苏德专家之间，还包括德国专家间、苏联专家间的交流。如一位德国历史学家所说，在苏德专家中，尽管双方都感觉到某种不信任，但都尽可能展现自己最好的一面，整体气氛还是非常友好的③。由苏联专家制定工作计划，优秀的德国专家担任技术指导，双方一起解决问题，而苏联技术人员与大量的德国工程师和工人一起工作，学习火箭的装配、测试等经验，像科罗廖夫、波别多诺斯采夫这种德语很好的苏联专家，无疑在交流中收获更多。就德国人的集体而言，尽管他们中存在着对某个专业领域领导权的竞争，但更多的是意识到这个协调一致而又灵活的科研团队的重要性以及自己在团队中的职责④。对苏联人的集体而言，来自不同机构的专家们在这里经历相互熟悉、磨合和协调的过程，锻炼了大批未来本国的火箭技术人才，并为苏联火箭技术核心团队的形成奠定基础，这被科罗廖夫认为是在德国最宝贵的收获。

在生活中，为了免去苏联专家的后顾之忧，1946 年 4 月底，专家和军官的家属们被送往德国团聚。家属的到来增加了大家之间的熟悉和了解，苏德专家见面会互相问候，他们也常以家庭方式相聚。事实上，对于未来苏联人全部恢复 V-2 火箭后，自己怎么办，德国人并不是没有想法。一些人希望苏

---

① Альбринг В. Городомля : немецкие исследователи ракет в России [M]. Санкт-Петербург Европейский дом, 2005:29.

② Альбринг В. Городомля : немецкие исследователи ракет в России [M]. Санкт-Петербург Европейский дом, 2005:26.

③ Черток Б Е. Ракеты и люди.От самолетов до ракет [M]. Москва:Издательство РТСофт, 2010:320.

④ Альбринг В. Городомля : немецкие исследователи ракет в России [M]. Санкт-Петербург Европейский дом, 2005:38.

第三章　苏联对德国 V-2 火箭的"恢复"与试验发射（1945—1947）

联人最好是能在德国发射 V-2 火箭，并把发射工作委托给他们来做，但似乎不太可能，因为苏联人也建立了自己的发射队；还有些德国专家认为，苏联人或早或晚会向他们提出去苏联继续工作①。对此德国人有些担心，但一切都不确定，而在德国的苏联专家似乎也并不知道 1946 年 5 月的决议已经对这些问题做出了安排。

贝利亚的助手、苏联驻德内务部小组负责人谢罗夫领导转移工作。1946 年 10 月初，盖杜科夫召集诺德豪森研究所的主要苏联负责人开会，谢罗夫要求他们拟定一个对未来工作有价值的德国专家名单及其简要介绍，并表示近期将把这些人运往苏联，允许德国人携带家属和所有个人物品。2 天后，苏联专家得到通知，行动于 10 月 22 日夜晚进行。

像往常一样，22 日研究所召开工作会议，德国专家在会上介绍了最近的工作进展。晚上 10 点会议结束后，为庆祝之前顺利完成 12 枚 V-2 火箭的装配和试验，在一家日本餐厅举行宴会，苏联专家邀请了大约 200 名德国专家前往。宴会上为德国人提供了不受限制的各种酒类，而之前苏联专家得到命令严禁喝醉，大约在凌晨 1 点宴会才散场。凌晨 4 点，数百辆卡车已经集结在德国专家住宅附近，翻译给各位德国专家打电话通知，由于接到红军最高统帅部（ВГКА）的紧急命令，他们必须马上转移到苏联，6 点，士兵一一上门核对专家名字，出示了紧急命令的翻译件，并帮助搬运。该命令表示根据波茨坦协议战争赔偿义务，德国专家集体被招纳到苏联进行义务劳动，为期 5 年②。刚睡着的德国人简直气疯了，他们不明白为什么自己必须在凌晨 4 点去苏联工作③。

从苏联专家和德国专家的回忆录来看，集合德国专家的过程没有出现激烈的反抗，但还是有些戏剧化的状况。一些苏联专家参与到传达命令中，亲自去通知和他们一起工作关系较好的德国专家，让他们不至于太吃惊，例如

---

① Альбринг В. Городомля: немецкие исследователи ракет в России [M]. Санкт-Петербург Европейский дом, 2005: 38.

② Альбринг В. Городомля: немецкие исследователи ракет в России [M]. Санкт-Петербург Европейский дом, 2005: 43.

③ Черток Б Е. Ракеты и люди. От самолетов до ракет [M]. Москва: Издательство РТСофт, 2010: 330.

从模仿到创新
——苏联液体弹道火箭技术的发展（1944—1951）

秋林在士兵到达前1小时就亲自去通知了阿尔布林等人。费迪南德因为抗议离开，服用了一些药品但并不致命，他表示要得到皮柳金本人的保证，到苏联后两人会继续一起工作，不会把他送去西伯利亚，皮柳金迅速赶来安抚了他。而格勒特鲁普的夫人坚持要带走两头奶牛，她称这是自己的孩子，没有它们她哪里也不去，而格勒特鲁普称没有家人自己也不走，士兵们在请示上级后答应了这个要求，保证将在列车后面加挂货车车厢，铺满干草安置奶牛。

23日中午，卡车将德国专家、家属及其物品运到了小博敦根铁路车站，在这里已准备好了由60节车厢组成的军用列车，满载着人员和物品驶向苏联。苏联的这一行动引起了西方国家的关注和强烈抗议。列车上有一位名为舍费尔（F. Schäfer）的女士，或许是唯一一个自愿去苏联的人，她要去寻找身为俘虏的丈夫[①]。列车行驶了将近3周超过2 000 km后，到达莫斯科近郊波德利普基的88科研所。苏联给予每位德国专家5 000卢布作为旅途补偿，随后将他们分组送往苏联各火箭研制机构所在地。

根据苏联档案记载，截至1947年1月1日共有378名德国专家来到苏联从事喷气武器方面的研制工作，包括13名教授、33名博士工程师和85名有文凭的工程师，他们被分派到苏联的9大部委中[②]。其中有175人（与家属一起将近500人）被派往装备部88科学研究所第1分所，包括5位教授、24位博士、17位有文凭的工程师和71名实践工程师[③]；有23名德国专家来

[①] Черток Б Е. Ракеты и люди.От самолетов до ракет [M]. Москва：Издательство РТСофт, 2010：331.

[②] 在各种文献中记述的来到苏联的德国专家人数差距很大，主要原因是这一时间有大量德国专家被转移到苏联，从事与原子弹、航空、无线电等领域有关的工作，本书给出的仅是直接从事喷气武器研究工作的德国专家人数。数据来自 Докладная записка Г.М. Маленкова и других И.В. Сталину о завершении работ по реактивной технике в Германии [А]. Ивкин В И, Сухина Г А.Задача особойгосударственной важности. Из история создания ракетно-ядерного оружия и Ракетных войск стратегического назначения（1945—1959гг）. Москва: РОССПЭН, 2010：127.

[③] Докладная записка Н Д, Яковлева и других И. В. Сталину о результатах пусков ракет Фау-2 [А]. Ивкин В И, Сухина Г А.Задача особой государственной важности. Из история создания ракетно-ядерного оружия и Ракетных войск стратегического назначения（1945—1959 гг）. Москва：РОССПЭН, 2010：127.（雅科夫列夫等致斯大林关于V-2发射结果的报告）

第三章　苏联对德国 V-2 火箭的"恢复"与试验发射（1945—1947）

到希姆基的 456 试验设计局从事火箭发动机的研制工作①。

在德国的苏联专家又停留了两个月，这期间他们与剩余的德国人完成了部分文件的复制和配套，收集与德国企业订购的仪器设备，并在特殊使命队的帮助下将所有在德国组装、生产的火箭、仪器和设备等全部装箱运回苏联。运回苏联的大量资料和设备主要有苏德专家恢复的 V-2 火箭全套技术资料和火箭各系统的测试数据；35 枚适于发射的 V-2 火箭，可组装 10 枚 V-2 的火箭零部件；能够进行火箭发射的全套技术设备等②。这些物品被分配到苏联新建立的各火箭技术研究所。两辆火箭专列则直接开往建设中的苏联卡普斯京亚尔国家中央试验场，用于以后的发射试验。1947 年 1 月，诺德豪森研究所的苏联专家完成最后的清理工作，与家属一起回到莫斯科。

第四节　V-2 火箭在苏联的试验发射

自 1946 年 5 月苏联部长会议通过《喷气武器问题》决议后，苏联便与驻德的火箭技术研究并行，在国内组建起火箭武器制造的相关机构、研究所和试验场。装备部被确定为远程弹道火箭的主导部门，其下新组建的 88 科研所成为远程火箭研制的主导者，负责火箭的设计、研制和整体组装等工作；通信器材工业部 885 科研所负责远程火箭控制系统和仪器方面的研究；航空工业部 456 试验设计局和 456 工厂负责发动机的研究；机器和仪器工业部国家专业设计局负责地面设备的研究，成为远程火箭的主要协作部门。此外，通信器材工业部 20 无线电科研所和 886 设计局（КБ-886），造船工业部 10 科研所，农业机器制造部 6 科研所（НИИ-6）、137 科研所（НИИ-137）、

---

① Черток Б Е. Ракеты и люди.Подлипки-Капустин Яр-Тюратам [M]. Москва：Издательство РТСофт, 2011：49-50.

② Из отчета о работе института Нордхаузен начальника института гвардии генерал-майора артиллерии Л. Гайдукова и главного инженера С. Королева [A]. Ивкин В И, Сухина Г А.Задача особой государственной важности. Из история создания ракетно-ядерного оружия и Ракетных войск стратегического назначения（1945—1959гг）. Москва：РОССПЭН, 2010：114-117.

从模仿到创新
——苏联液体弹道火箭技术的发展（1944—1951）

862 科研所（НИИ-862）和 15 工厂（3д-15），以及电气工业部 686 工厂（3д-686）都参与到这项工作中。这些机构首先合作完成的一个工作就是接收从德国运来的 V-2 火箭及相关的仪器、设备和德国火箭专家，准备在德国的工作基础上实现 V-2 火箭的试验发射。

根据 1946 年 7 月 26 日斯大林签署的苏联部长会议第 2 643-818 号决议，由喷气技术特别委员会负责领导 V-2 火箭的试验发射工作。众多部委、科学研究所、设计局和工厂积极保证试验的设施配置和飞行观测。不过，当时卡普斯京亚尔试验场只来得及完成最低要求的必要设施建设，包括点火试验平台、发射场、库房、铁路和其他设施，并配备了 16 个不同系统的探测器负责雷达勤务、6 个摄影经纬仪站提供摄像服务、一个空军团负责航空观测及气象台和通信服务等[1]。此次试验旨在检查火箭装配的正确性，V-2 火箭发动机、控制稳定仪器、地面设备及火箭整体的可靠性，火箭飞行中借助雷达跟踪和无线电定位的可能性；测试并掌握火箭发射前繁杂的试验和准备技术，取得火箭整个飞行阶段与落点的试验资料，并在此过程中检测、锻炼苏联专家的业务能力[2]。由此可见，这次试验实际上既是对苏联专家在德国工作的阶段总结，也是进一步锻炼队伍的机会。

在德国领导火箭技术研究的专家们，回到苏联后担任了各科研机构的总设计师，成为这次试验的负责人。装备部 88 科研所总设计师科罗廖夫任此次试验发射的技术总负责，航空工业部 456 试验设计局总设计师格鲁什科、通信器材工业部 885 科研所总设计师梁赞斯基、造船工业部 10 科研所总设计师 B. 库兹涅佐夫、机器和仪器工业部国家专业设计局总设计师巴尔明担任试验发射的分技术系统负责人，分别领导火箭发动机、控制系统、陀螺仪系

---

[1] Докладная записка Н Д. Яковлева и других И В. Сталину о результатах пусков ракет Фау-2 [A]. Ивкин В И, Сухина Г А. Задача особой государственной важности. Из истории создания ракетно-ядерного оружия и Ракетных войск стратегического назначения（1945—1959 гг）[C]. Москва: РОССПЭН, 2010: 137.

[2] Рахманин В О. немецком следе в истории отечественного ракетостроения [J]. Двигатель, 2005（2）:146.

第三章　苏联对德国 V-2 火箭的"恢复"与试验发射（1945—1947）

统、地面发射和加注设备的相关工作①。这是此后苏联火箭技术事业的核心研究团队。这次的组合表明，苏联通过在德国的工作已经磨合出一支本国较成熟的专家队伍。

专家们对试验发射的火箭做了详细安排。他们准备了两批 V-2 火箭，每批 10 枚，其中一批称为 T 系列，是用从德国运来的零部件在苏联装配的；另一批称为 H 系列，是在德国已经装配好的。这样实际区分了以德国人为主组装的和苏联人自己组装的火箭，更便于分析、比较测试结果。另外，为了得到更多有价值的数据，专家们给火箭安装了不同的测试仪器。所有 20 枚火箭都安装了自动控制系统，T 系列的 10 枚火箭配置了天线装置和墨西拿 –1 无线电遥测系统，用于在飞行中监测各种工作数据。H 系列有 5 枚火箭携带了苏联科学院物理研究所专门研制的测试仪器，用于研究高空大气；另外 5 枚装配了"维多利亚 – 夏威夷"无线电设备，测试这种装置对火箭飞行调整和修正的效果。

在德国专家的参与下，1947 年 10 月 16 日至 11 月 13 日在卡普斯京亚尔发射场进行了 V-2 火箭的飞行试验（图 3-19～3-24）。实际上，总共试验发射了 11 枚 V-2 火箭，所有火箭都装有自动控制仪器。其中，3 枚（4、5、8 号）是 T 系列，安装有墨西拿 –1 无线电遥测系统；3 枚（6、7、10 号）是 H 系列，是与苏联科学院物理研究所协作的；2 枚（9、11 号）是 H 系列，装配了维多利亚 – 夏威夷无线电设备。在试验发射中，第一组的 3 枚火箭（1、2、3 号）与既定方向存在巨大偏差。根据德国专家霍赫的建议，剩下的火箭额外安装了滤波电容器，充当舵机吸收外来气流，这一措施极大地减少了火箭飞行中的偏移。第二组火箭（4、5、6 号）试验中，5 号火箭过早坠落，经分析是由于控制系统故障和火箭外壳强度不够。通过前两组的调

---

① Из краткого технического отчета государственной комиссии о проведении опытных пусков ракет дальнего действия А-4（Фау-2）на Государственном центральном полигоне МВС в октябре-ноябре 1947 года［A］. Ивкин В И, Сухина Г А. Задача особой государственной важности. Из истории создания ракетно-ядерного оружия и Ракетных войск стратегического назначения（1945—1959 гг）. Москва：РОССПЭН, 2010：143-155.（国家委员会关于 1947 年 10-11 月 V-2 远程导弹在武装力量部国家中央试验场试验发射的简要技术报告）

从模仿到创新
——苏联液体弹道火箭技术的发展（1944—1951）

试,第三组的 5 枚火箭（7、8、9、10、11 号）发射较为顺利,尤其是 11 号火箭,当无线电设备从地面改变火箭的方向时,其控制能力得到了良好的结果,达到了应有的射程要求和偏离数值。整体看来,这次试验成功发射的火箭射程基本保持在 260～275 km,偏离准线在 5 km 左右,飞行高度保持在 72～86 km 之间,最大飞行速度达到 1 508 m/s（表 3-6）。

表3-6　　1947年10—11月V-2火箭在苏联试验发射的结果数据[①]

发射编号	发射时间	火箭射程/km	弹道高度/km	横向偏差/km	最大飞行速度/m·s^{-1}
1	10月18日	206.7	86	左偏30	1 350
2	10月20日	231.4	46	左偏181	1 420
3	10月23日	29.4	—	右偏3.9	—
4	10月28日	274.3	81	左偏4	1 508
5	10月31日	2.0	3	左偏1	—
6	11月2日	260.0	72	左偏5	1 450
7	11月3日	2.3	4.8	右偏0.9	—
8	11月4日	268.9	78	左偏1.1	1 480
9	11月10日	24.4	34	右偏18.2	—
10	11月13日	270.0	78	右偏0.1	1 490
11	11月13日	262.2	76	左偏1.5	1 470

---

① Докладная записка Н Д. Яковлева и других И В. Сталину о результатах пусков ракет Фау-2 [A]. Ивкин В И, Сухина Г А. Задача особой государственной важности. Из истории создания ракетно-ядерного оружия и Ракетных войск стратегического назначения（1945—1959 гг）. Москва：РОССПЭН, 2010：138.

第三章　苏联对德国 V-2 火箭的"恢复"与试验发射（1945—1947）

图 3-19　首批 V-2 火箭发射的参与者（卡普斯京亚尔，1947 年）①

图 3-20　乌斯季诺夫与德国专家（卡普斯京亚尔，1947 年）②

---

① Черток Б Е. Ракеты и люди.Подлипки-Капустин Яр-Тюратам［M］. Москва：Издательство РТСофт, 2011：128-129.

② Черток Б Е. Ракеты и люди.Подлипки-Капустин Яр-Тюратам［M］. Москва：Издательство РТСофт, 2011：128-129. 从左至右：三位德国专家、乌斯季诺夫、雅科夫列夫、维多什金、科罗廖夫。

从模仿到创新
——苏联液体弹道火箭技术的发展(1944—1951)

图 3-21 格鲁什科、梁赞斯基、巴尔明、科罗廖夫、В. 库兹涅佐夫[①]
（卡普斯京亚尔试验场，1947 年 10 月 18 日）

图 3-22 V-2 火箭加注（1947 年）[②]

---

① В.П. Глушко, М.С. Рязанский, В.П. Бармин, С.П. Королев, В.И. Кузнецов. Капустин Яр, 18 октября 1947 г.[A]. РГАНТД. Ф. 134 оп. 6 д.14. http://vystavki.rgantd.ru/korolev/pics/012_026.jpg.

② Черток Б Е. Ракеты и люди.Подлипки-Капустин Яр-Тюратам [M]. Москва: Издательство РТСофт, 2011: 128-129.

第三章　苏联对德国 V-2 火箭的"恢复"与试验发射（1945—1947）

图 3-23　V-2 火箭发射（1947 年）①

图 3-24　V-2 在苏联首次发射成功纪念碑（卡普斯京亚尔，1947 年 10 月 18 日）②

---

① Черток Б Е. Ракеты и люди.Подлипки-Капустин Яр-Тюратам [M]. Москва：Издательство РТСофт, 2011：128-129.

② 该纪念碑于 1950 年代建成。苏联将其视为 R-1（即 Р-1）火箭的第一次发射，因此称为"Р-1 弹道火箭纪念碑"。Памятник баллистической ракете Р-1 на полигоне Капустин. РГАНТД. Ф. 211. Оп. 19. Д.3. https：//rgantd.ru/news/pamyatnye-daty/pervyy-uspeshnyy-zapusk-upravlyaemoy-ballisticheskoy-rakety-r-1/?sphrase_id=59457.

从模仿到创新
——苏联液体弹道火箭技术的发展(1944—1951)

通过分析这次试验结果,苏联专家证实:对 V-2 火箭技术文件的恢复,以及对火箭本身的恢复、加工和组装都是正确的;发动机在试车和飞行过程中表现良好;自动控制系统、无线电控制系统和遥测系统工作结果令人满意,地面发射和加油设备也保证了火箭的试验发射。这次发射试验中组织的飞行观测肯定了无线电定位仪探测 V-2 火箭的可能性,并确定距离大于 50 km 时无法跟踪这种火箭[1]。为保证远距离探测并定向火箭,必须要研究专门的无线电定位仪。

试验结果再次表明,V-2 火箭的某些技术装备在使用中复杂而笨重,不能保证可靠无故障的工作,而在某些情况下结构加工工艺也不够完善,尤其是控制仪器可靠性低,不能保证仪器免受湿度与温度变化、尘土渗入的影响;发射前控制系统的试验和调整很复杂,要求操作员有很高的技能,并需花费大量时间用于调试;发动机在试车时暴露出一些设计问题,而地面发射和加注设备的组件也有一系列的设计缺陷。

这次试验得到了极为重要的实际经验和试验数据,尤其是使苏联首次获得了无线电试验数据。这些经验和数据成为后续苏联本国火箭制造业专业布局和技术研究的重要依据。在此基础上,专家们制定了苏联未来两年(1947—1948 年)火箭武器科研和试验方面的项目计划,布置了射程为 250~270 km 的 R-1 火箭、射程为 600 km 的 R-2 火箭及射程为 3 000 km 的 R-3 火箭的研究方案,拉开了本国自主研制更先进火箭的大幕。

---

[1] Докладная записка Н Д, Яковлева и других И В. Сталину о результатах пусков ракет Фау-2[A]. Ивкин В И, Сухина Г А. Задача особой государственной важности. Из истории создания ракетно-ядерного оружия и Ракетных войск стратегического назначения(1945—1959 гг). Москва:РОССПЭН,2010: 140.

第四章

V-2的苏联化与苏联本国弹道火箭的研制(1947—1951)

苏联人在成功实现对德国V-2火箭技术恢复的基础上,开始着力发展本国火箭武器。1947年,苏联相继启动V-2火箭的国产化,以及射程为600 km和3 000 km火箭的研发,即研制所谓R-1、R-2和R-3三个型号的火箭,拉开大规模发展本国火箭技术的大幕。

第一节 苏联火箭技术组织体系的建立

现代高技术,特别是火箭这类跨学科的技术往往通过组织化的机构体系,甚至借助国家的力量来成长。火箭技术被苏联、美国等大国视为事关国家安全与军事竞争的重器,因此,国际关系与世界政治格局的演变对苏美等国火箭技术的创建影响巨大。

一、战后国际形势与苏联的战略决策

1945—1947年是战后的一个转折时期,世界格局发生了根本的变化。国际政治力量的重组与各主要国家战略的重新定位深刻影响着世界的格局和许多国家的发展道路。苏联与美国、西欧国家的同盟关系因反法西斯战争的胜利而失去继续存在的基础。由于意识形态、国家利益、地缘政治和世界秩序

从模仿到创新
——苏联液体弹道火箭技术的发展（1944—1951）

的根本分歧，美苏陷入彼此不信任、相互威胁，直至敌对的冷战^①。

苏美两国的国际地位和国力都经历了明显的变化。苏联遭到德国的大规模入侵，承受了巨大的人力和物力损失，1941—1947年直接与间接的经济损失高达8 930亿美元^②。苏联赢得了反法西斯战争的胜利，其国际威望空前提高，军事实力迅速增强。苏联坦克和自行火炮数量超过1.2万辆，超出美国1倍^③。美国主要是在本土之外进行反法西斯作战，在战争中摆脱"经济衰退"，其国民生产总值在战时增长了60%。1945年，美国拥有世界上三分之二的黄金储备、四分之三的投资资金，其国民生产总值是苏联的3倍。此时，美国有能力年产近100 000架飞机和30 000辆坦克^④。

战后，美苏两国都建立了其他国家望尘莫及的势力范围，也都想左右国际新秩序的构建，以实现各自的国家安全和社会理想。在东欧和日本等势力范围的划分，欧洲和亚洲的社会重构、意识形态选择、民族革命与非殖民地化等巨变进程中，美国与苏联都有自己作为，借机扩大自己的各种影响力，使国际秩序更加符合自己的利益。美国充分利用强大经济势力与军事工业的优势，在与苏联的对抗中占得上风；苏联则希望利用空前提高的国际威望，确保自己的安全地位和影响力。这种态势必然加剧美苏的彼此隔阂与挑战。其中一方某个可能影响国际权力瓜分的举动都会威胁到另一方的利益和安全。两国很容易受到"克服威胁"的各种机会的诱惑^⑤，使国际关系逐步滑向冷战。

在竞争中，谁掌握某种能够震慑对方的先进武器，谁就有重要筹码。美国显然在二战结束之际已占得先机。1945年8月，美国先后向日本的广岛和

---

① 近年来国内外学者们基于新解密档案的研究认为，美苏两国领导人在战后最初的时间里都不希望看到这种敌对状态，他们相信两国是可以共事的，也相信这符合各自的国家利益。但冷战最终还是发生了，对其原因深层次的考察可参见：沈志华《冷战的起源》一书；[美]梅尔文.P.莱弗勒《人心之争：美国、苏联与冷战》，38-70页。

② 左凤荣，沈志华.俄国现代化的曲折历程（上）[M].北京：社会科学文献出版社，2012:98.

③ [俄]亚.维.菲利波夫.俄罗斯现代史（1945—2006）[M].吴恩远等译，张树华，张达楠校.北京：中国社会科学出版社，2009: 2.

④ [美]梅尔文.P.莱弗勒.人心之争：美国、苏联与冷战[M].孙闽新等译.上海：华东师范大学出版社，2010: 31-32.

⑤ 李丹慧.国际冷战史研究[M].上海c华东师范大学出版社，2004:111.

第四章　V-2的苏联化与苏联本国弹道火箭的研制（1947—1951）

长崎投掷原子弹，显示了核武器的强大威力。尽管在1945年7月的波茨坦会议上，杜鲁门（Harry S. Truman，1884—1972）总统已告知斯大林美国拥有原子弹。斯大林表面上对此漫不经心，但内心对原子弹有非常清醒的认识。他将广岛事件视为针对苏联的原子弹胁迫，称"广岛已经震撼了全世界……平衡已经被破坏了"。① 事实确实如此。美国认为原子弹能警示苏联，并让苏联人更为合作。斯大林要求国内加速原子弹的研制工作，打破美国的核垄断。在广岛事件两天后，即8月8日苏联政治局向国家计委下令制订"第四个五年计划"（1946—1950年）。该计划非常重视技术进步，要求制定独立的科技发展规划。

战后，苏联国防科技与工业主要聚焦于核武器及相关的火箭、雷达和航空喷气发动机等领域。斯大林强调"第四个五年计划"的任务是"在工业和国民经济所有领域达到世界现代工艺水平，为推动苏联的科学和技术进步创造条件……我们将会有原子能和许多别的东西"②。苏联相继成立了三个国家特别委员会，负责专门研制原子弹、火箭和雷达等，委员会的工作情况直接向斯大林汇报。1945年8月20日组建负责原子弹研制工作的国防委员会特别委员会，也称第1特别委员会，由贝利亚任主席，万尼科夫和别尔乌辛（М.Г. Первухин）任副主席；1946年5月建立负责火箭技术的部长会议喷气技术特别委员会，又称第2特别委员会；1947年6月建立部长会议无线电委员会③，亦称第3特别委员会，由萨布罗夫（М.З. Сабуров）任主席。

苏联专家对德国火箭技术的研究越来越引起斯大林的重视。1946年4月17日，贝利亚、马林科夫、布尔加宁（Н.А. Булганин）、万尼科夫、乌斯季诺夫和雅科夫列夫共同署名，向斯大林提交了一份关于苏联火箭武器科研和试验组织工作的报告。这份报告简要介绍了德国的火箭武器、苏联战前

---

① ［美］梅尔文.P.莱弗勒.人心之争：美国、苏联与冷战［M］.孙闽新等译.上海：华东师范大学出版社，2010:39.

② ［俄］亚.维.菲利波夫.俄罗斯现代史（1945—2006）［M］.吴恩远等译，张树华，张达楠校.北京：中国社会科学出版社，2009:12.

③ 部长会议无线电委员会（Комитет по радиолокации Совмин СССР, Спецкомитет № 3）:1949年8月停止工作，其职能被武装力量部和国防工业其他部委代替。

从模仿到创新
——苏联液体弹道火箭技术的发展（1944—1951）

从事火箭研究的机构，以及苏联专家在德国研究火箭技术的情况。报告指出亟待解决的几个问题，包括在德国的火箭技术研究机构和专家的后续工作，以及将德国专家迁往苏联的问题，并就苏联本国火箭武器研制的组织机构提出了若干意见和建议。报告特别强调苏联组织 V-2 试验发射有迫切的理论和实践意义，因为"去年秋天（1945 年）英国人进行了 V-2 发射试验，而美国人也在加紧 V-2 的研究"①。斯大林于 4 月 29 日召开专门会议，讨论这份报告提出的具体问题。考虑到苏联轰炸机与美国差距颇大，斯大林指示全力发展弹道火箭技术②。

苏联决策者意识到建立火箭武器的独立工业有着重要战略意义，对其进行国家层面的组织和协调十分必要和迫切。于是，在总军械部雅科夫列夫元帅和军备部部长乌斯季诺夫的直接参与下，盖杜科夫和巴什科夫完成了关于喷气武器问题的手写文本。1946 年 5 月 13 日，苏联部长会议讨论了这个文本，形成《喷气武器问题》决议③（以下简称"决议"）。这份编号为 1017-419 的决议对苏联建立火箭武器研制体系做了全面部署，成为火箭武器领域的奠基性文件。它共有 32 项条款，分为 5 部分，内容涉及火箭武器的行政领导机构、主导部委和参与部委的分工、国内火箭武器研制机构的建立、驻德火箭武器工作的部署，以及发射场建设、人员培训等其他资源配置问题。从第一次手写草稿方案到经过各部和马林科夫签署只用了短短 20 天，而斯大林阅读草案后没有任何意见就签字同意④，做出了战略性决策（图 4-1 和图 4-2）。

---

① Докладная записка Л.П. Берия, Г.М. Маленкова, Н.А. Ьулганина, Б.В. Ванникова, Д.Ф. Устинова, Н.Д. Яковлева-И.В. Сталину об организации научно-исследовательских и опытных работ в области ракетного вооружения в СССР [A]. Ивкин В И, Сухина Г А. Задача особой государственной важности. Из история создания ракетно-ядерного оружия и Ракетных войск стратегического назначения（1945—1959 гг）. Москва : РОССПЭН, 2010:29.（贝利、马林科夫、布尔加宁、万尼科夫、乌斯季诺夫、雅科夫列夫致斯大林，关于在苏联火箭武器领域组织科研和试验工作的报告记录）

② 当时，苏联正在加紧研制原子弹，斯大林是考虑用火箭投出原子弹，而不是靠远程轰炸机。参见：李成智，李建华. 阿波罗登月计划研究 [M]. 北京：北京航空航天大学出版社，2010:35.

③ Под ред.Ю.М.Батурина. Советская космическая инициатива в государственных документах 1946—1964гг.[M]. Москва : Издательство РТСофт, 2008:30-36. 该决议完整中文译文见本书附录 2。

④ Черток Б Е. Ракеты и люди.Подлипки-Капустин Яр-Тюратам [M]. Москва : Издательство РТСофт, 2011:24.

第四章 V-2 的苏联化与苏联本国弹道火箭的研制（1947—1951）

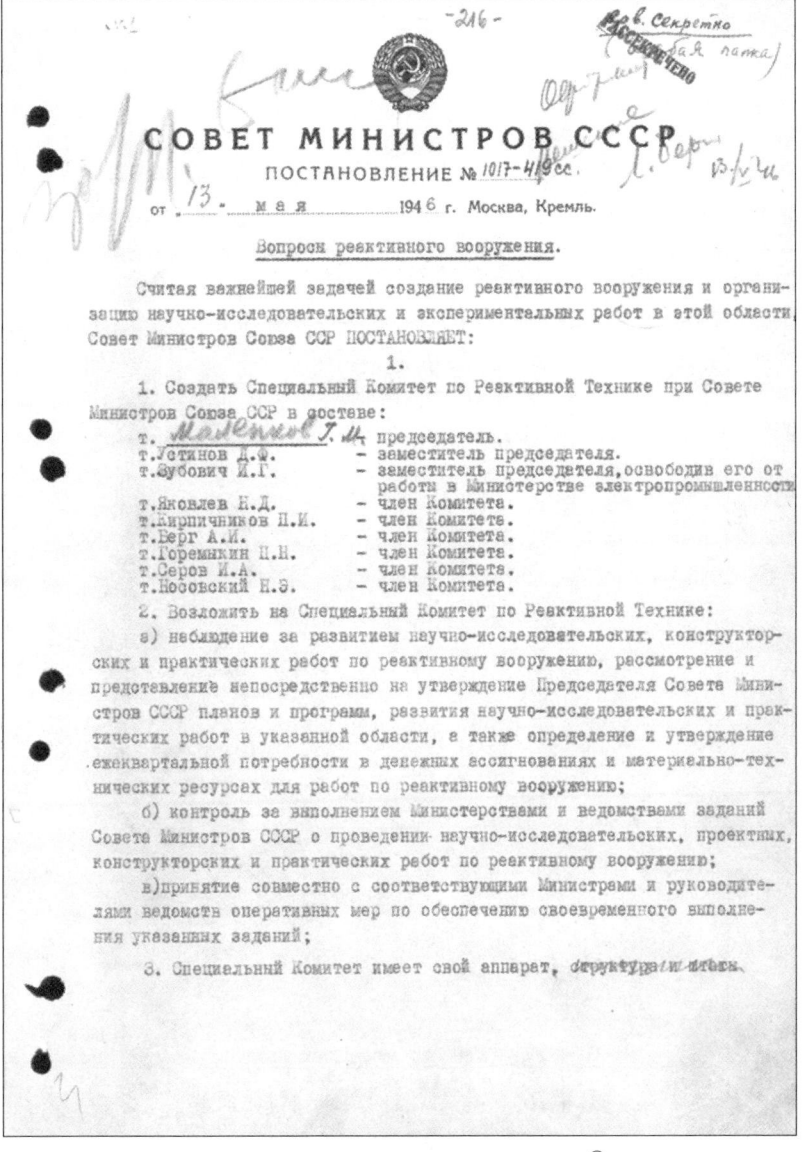

图 4-1 《喷气武器问题》决议首页[1]
（右上为贝利亚签名）

---

[1] Постановление Совета Министров СССР по вопросам реактивного вооружения. Москва, 13 мая 1946 г . [A]. ГА РФ. Ф. Р-5446. Оп. 3ас. Д. 23. Л. 216–224. https://malenkov.rusarchives.ru/3-7-10_postanovlenie-soveta-ministrov-sssr-voprosy-reaktivnogo-vooruzhenii.

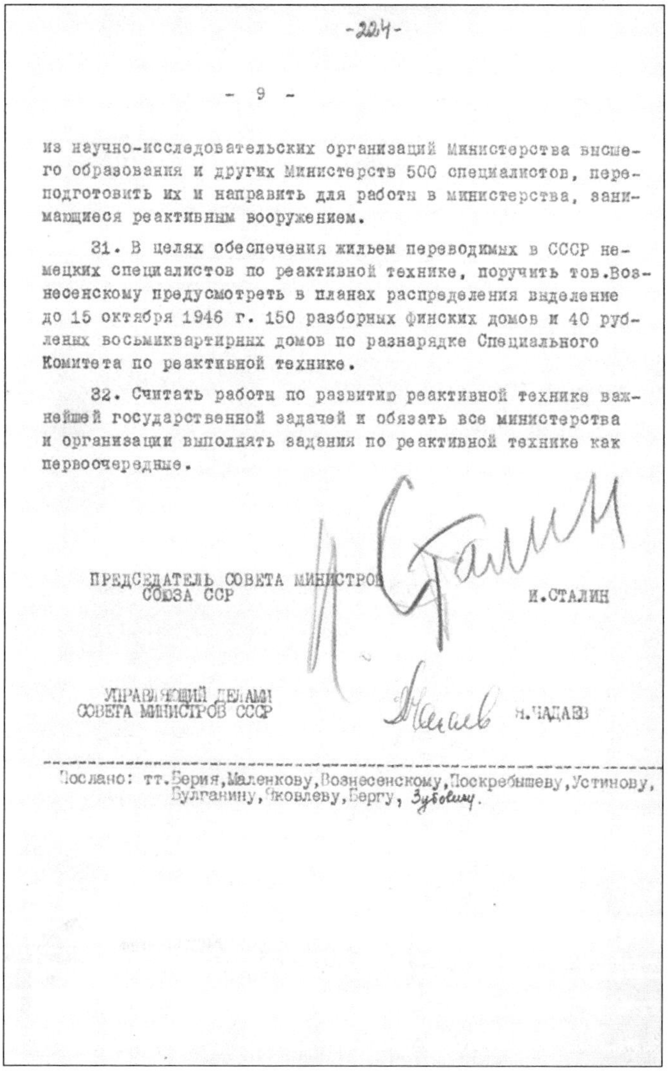
-224-

\- 9 -

из научно-исследовательских организаций Министерства высшего образования и других Министерств 500 специалистов, переподготовить их и направить для работы в министерства, занимающиеся реактивным вооружением.

31. В целях обеспечения жильем переводимых в СССР немецких специалистов по реактивной технике, поручить тов.Вознесенскому предусмотреть в планах распределения выделение до 15 октября 1946 г. 150 разборных финских домов и 40 рубленых восьмиквартирных домов по разнарядке Специального Комитета по реактивной технике.

32. Считать работы по развитию реактивной техники важнейшей государственной задачей и обязать все министерства и организации выполнять задания по реактивной технике как первоочередные.

ПРЕДСЕДАТЕЛЬ СОВЕТА МИНИСТРОВ СОЮЗА ССР И.СТАЛИН

УПРАВЛЯЮЩИЙ ДЕЛАМИ СОВЕТА МИНИСТРОВ СССР Я.ЧАДАЕВ

Послано: тт.Берия,Маленкову,Вознесенскому,Поскребышеву,Устинову, Булганину,Яковлеву,Бергу, Зубовичу.

图 4–2 《喷气武器问题》决议尾页①

（手写大字为斯大林签名）

“决议”明确了火箭武器工作的优先地位和重要性，要求各部委和机构必须把火箭技术工作当作首要任务来完成。为此，部长会议组建了喷气技术

① Постановление Совета Министров СССР по вопросам реактивного вооружения. Москва, 13 мая 1946 г.［A］. ГА РФ. Ф. Р–5446. Оп. 3ас. Д. 23. Л. 216–224. https://malenkov.rusarchives.ru/3-7-10_postanovlenie-soveta-ministrov-sssr-voprosy-reaktivnogo-vooruzhenii.

第四章　V-2 的苏联化与苏联本国弹道火箭的研制（1947—1951）

特别委员会，负责统筹、协调和监督各部门和机构的火箭武器工作。委员会由马林科夫任主席，乌斯季诺夫和祖博维奇任副主席，委员包括雅科夫列夫、基尔皮奇尼科夫（П.И. Кирпичников）、贝格（А.И. Берг）、戈列梅金（П.Н. Горемыкин）和诺索夫斯基[①]。"决议"规定：未经部长会议特别许可，任何机关、组织和个人都无权干扰或询问有关火箭武器的制造情况。

"决议"除部署驻德火箭武器工作外，对国内火箭武器研制相关机构也做了安排，解决了各部委之间在火箭技术方面分工模糊不清的局面[②]。第一，明确火箭武器研制的主导部委和协作生产部委。装备部成为液体发动机"喷气弹"（реактивный снаряд）的主导部委[③]，电气工业部、造船工业部、化学工业部、航空工业部、机器和仪器制造工业部和农业机器制造部 6 个部委是主要协作生产部委。第二，在与火箭武器研制相关的各部委中设立专门的喷气技术管理局，领导各自下属的科研所、试验局和试验场。国家计委亦成立专门的火箭技术局。第三，针对各部委在德国搜查中得到的火箭技术设备、仪器、仪表，以及资料和样品，责成喷气技术特别委员会进行清查，并根据各部委承担的任务进行重新分配。第四，考虑到火箭武器研究的长远发展，要求高等教育部在高等技术院校和综合性大学培训喷气技术工程师和科技工作者，并安排其他专业高年级大学生进修喷气武器专业。保证 1946 年底高等技术院校的喷气武器专业首批毕业生不少于 200 人，大学毕业生不少

---

① 1947 年 5 月 10 日，苏联部长会议通过第 1454-388 号决议《喷气技术问题》，喷气技术特别委员会改名为第 2 委员会，其成员也进行了调整。布尔加宁代替马林科夫担任委员会主席，乌斯季诺夫和祖博维奇仍任副主席，委员会成员调整为雅科夫列夫、赫鲁尼切夫（М.В. Хруничев）、戈列梅金、巴尔申（П.И. Паршин）、卡巴诺夫（И.Г. Кабанов）、谢罗夫、阿列克先科（Г.В. Алексенко）和基尔皮奇尼科夫。1949 年 5 月 15 日，委员会被解散，苏联装备部成为喷气技术研制工作的领导者。见：Постановление Совета Министров СССР № 1454-388 Вопросы реактивной техники [A]. Ивкин В И, Сухина Г А. Задача особой государственной важности. Из истории создания ракетно-ядерного оружия и Ракетных войск стратегического назначения（1945—1959 гг）. Москва: РОССПЭН, 2010: 128.（苏联部长会议 № 1454-388《喷气技术问题》决议）

② 战后，苏联国家管理机构经历了结构性的重组和调整，一方面，国防委员会的职能转至部长会议，人民委员部更名为部，人民委员更名为部长，使得负责不同经济领域的部门有了更大的自主权。

③ "决议"针对不同火箭武器类型进行了划分，除装备部外，农业机器制造部被确定为固体燃料发动机"喷气弹"的主导研究部委，航空工业部是喷气式飞弹（即巡航导弹）的主导部委。

从模仿到创新
——苏联液体弹道火箭技术的发展（1944—1951）

于 100 人^①。这份"决议"实际上建立起苏联火箭武器研制体系从上层权力机构到火箭武器工作人员的基础结构。

可见，苏联利用高度集中的政治经济体制，动员和协调政府力量打造原子弹、火箭等国防"重器"，对发展火箭等尖端武器事业进行顶层设计。最先成立的原子弹国家特别委员会提供了一种跨部门的、快速解决复杂性问题的、调配资源的经验[②]。这种独特的模式被火箭部门采用，保证了火箭研制大量资源的配置。实际上，苏联当时几乎采取了两条平行的路径，即在德国对火箭技术的恢复和国内火箭武器研制体系基础设施的创建，为后续大规模研发火箭武器准备了条件。

二、苏联火箭武器研制体系的建立

《喷气武器问题》决议确立了火箭武器的优先发展地位和组织机构框架，要求在短时间内明确各层机构、配齐干部，开始必要的建设。以此为依据，苏联各部委和机构以一系列"雪崩式"（лавинообразный поток）[③]的决定和命令推进整个火箭武器研制体系的建立。

在部委层面上，装备部是研制生产液体发动机火箭武器的主导部委，6个部委作为主要协作生产单位。电气工业部负责生产地面和随航无线电仪器，建设雷达站；造船工业部负责制造陀螺、计算等方面的仪表；化学工业部负责液态燃料、氧化剂和催化剂；航空工业部负责液体火箭发动机的生产，以及火箭的空气动力学研究和试验；机器和仪器制造工业部负责发射装置、各种压缩机、泵和仪表等配套装置；农业机器制造部负责生产非触发引信、装具和炸药。另外，武装力量部负责建设火箭技术国家中心试验场，以供所有从事火箭武器研究的机构使用。

---

① Под ред.Ю.М.Батурина. Советская космическая инициатива в государственных документах 1946—1964гг.[M]. Москва : Издательство РТСофт, 2008 : 35.

② Черток Б Е. Ракеты и люди.Подлипки-Капустин Яр-Тюратам [M]. Москва : Издательство РТСофт, 2011 : 31.

③ Черток Б Е. Ракеты и люди.Подлипки-Капустин Яр-Тюратам [M]. Москва : Издательство РТСофт, 2011 : 24.

第四章　V-2 的苏联化与苏联本国弹道火箭的研制（1947—1951）

在火箭武器研制管理上，各部委均设立了专门的技术管理局。装备部、农业机器制造部、电气工业部下设喷气技术总管理局（Главные управления по реактивной технике），化学工业部、造船工业部、机器和仪器制造工业部设立喷气技术管理局（Управления по реактивной технике）。此外，国家计委也建立了以计委副主任为首的喷气技术部（Отдел по реактивной технике）。这些管理局具体领导各部下属的火箭武器工作。

在具体科研和生产方面，装备部 88 科学研究所被选定为主导科学研究所，是液体发动机火箭武器科研、规划设计、试验设计和制造的主要基地。其他协作部委也都根据自身的任务建立了各自的科学研究所或试验局。

1. 乌斯季诺夫与火箭技术的主导机构——装备部 88 科学研究所

乌斯季诺夫（图 4-3）[①] 是在二战结束后盖杜科夫积极争取国内部委支持，推进驻德火箭技术工作之时，决定接手火箭武器研制工作的。新兴的火箭技术前景尚不明朗，当时众多部委领导对火箭武器持怀疑态度。时任装备部部长的乌斯季诺夫成为少数意识到这一新技术战略意义的军事工业领导之一。乌斯季诺夫对支持驻德技术恢复工作，尤其是苏联火箭武器技术的建立和发展起到了重要作用。1949 年 5 月，喷气技术特别委员会被撤销后，装备部成

---

① 乌斯季诺夫（Д.Ф. Устинов, 1908—1984）：斯大林在大清洗镇压浪潮中，开始大规模提拔新的军事管理干部走上工业领导岗位。这些干部有一些共同特点，如低层社会背景、接受过技术培训、对斯大林绝对忠诚。乌斯季诺夫就是在这一浪潮下提拔起来的，他是斯大林忠实的支持者和崇拜者。1908 年出生于苏联伏尔加河中部流域的城市萨马拉（Самара）的一个工人家庭。1922—1923 年在红军服役，之后毕业于职业技术学校、列宁格勒军事机械学院（Ленинградский военно-механический институт）。1927—1929 年在工厂担任钳工。1934 年起在炮兵海军科学研究所任工程师、试验局主任。1937 年起在列宁格勒"布尔什维克"（Большевик）工厂先后担任设计工程师、副总设计师、厂长。二战开始前不久，根据斯大林的命令，乌斯季诺夫被任命为装备人民委员部人民委员。战争期间，乌斯季诺夫不仅保障了大量武器的供给，还掌握了新武器类型的生产，因其杰出的工作被授予"社会主义劳动英雄"称号。1946—1953 年，他担任装备部部长，1953—1957 年任国防工业部部长，1957—1963 年任部长会议副主席。1963—1965 年任部长会议第一副主席、部长会议最高国民经济委员会主席。1965—1976 年任苏共中央委员会秘书，并于 1976 年被授予苏联元帅称号。1976—1984 年任苏联国防部长、苏共中央委员会政治局委员。1988 年乌斯季诺夫回忆录《以胜利之名》在莫斯科出版（Устинов Д Ф. Во имя Победы [M]. М.:Воениздат, 1988.）。

从模仿到创新
——苏联液体弹道火箭技术的发展（1944—1951）

为整个喷气技术领域的统领部委①。而乌斯季诺夫个人也因在这一领域的工作被称为苏联军事工业领域最为杰出的领导人之一，他对军工的影响力在 20 世纪 60—70 年代达到顶峰②。

图 4-3　乌斯季诺夫（1950 年代）③　　图 4-4　戈诺尔（1950 年代）④

"决议"尚未发布前，1946 年 5 月，乌斯季诺夫要求 88 炮兵工厂（Артиллерийский завод № 88）的设计局开始研究从德国运回的火箭图纸。这个工厂位于莫斯科东北部郊区加里宁格勒（Калининград）⑤的波德利普基（Подлипки）。战时这里是防空机场之一，驻扎的歼击机承担保卫莫斯科的任务。5 月 16 日，乌斯季诺夫正式下令在 88 炮兵工厂的基础上建立 88 国家联盟科学研究所（Государственный союзный научно-исследовательский

---

① Под ред. Ю.М.Батурина. Советская космическая инициатива в государственных документах 1946—1964гг.[M]. Москва: Издательство РТСофт, 2008: 30.

② Быстрова И В. Советский военно-промышленный комплекс: проблемы становления и развития (1930—1980-е годы)[M]. М: ИРИ РАН, 2006: 544.

③ Устинов Дмитрий Федорович [A]. Министерство обороны Российской Федерации（俄罗斯联邦国防部）. https://encyclopedia.mil.ru/encyclopedia/history/more.htm?id=12203086@cmsArticle.

④ Л.Р. Гонор [A]. РГАНТД. Ф.327. Оп.2. Д.68. https://rgantd.ru/news/pamyatnye-daty/pervyy-hdirektor-nii-88/?sphrase_id=58797.

⑤ 加里宁格勒属于莫斯科州，现在这个城市被命名为科罗廖夫城。

第四章 V-2 的苏联化与苏联本国弹道火箭的研制（1947—1951）

институт № 88，简称"88 科研所"），并选择自己的亲信戈诺尔①（图 4-4）任研究所所长，波别多诺斯采夫任总工程师。这个研究所成为液体火箭武器的主要科研、规划设计、试验设计和制造基地，在苏联火箭研制体系中的地位举足轻重。下一个十年中所有的远射程火箭武器都出自这个研究所，它几经改组一直存在至今②。

乌斯季诺夫积极在装备部发展多种火箭，包括弹道火箭、防空火箭及其他类型火箭。88 科研所集中了众多的研究方向。初创时研究所共 7 319 人③，由专业设计局（414 人）、专题科研设计部（200 人）和大型试验工厂（6 705 人）三部分组成，另设科技委员会对设计方案等进行集体讨论和协调。

专业设计局由炮兵总工程师出身的特里特卡④领导，下设多个由火箭系统总设计师领导的设计研制部门。其中，第 3 部由远程火箭总设计师科罗廖夫领导，米申任其助手，负责国产远程弹道火箭的设计和德国 V-2 的

---

① 戈诺尔（А.Р. Гонор, 1906—1969）：工程技术勤务少将。1906 年出生于基辅一个犹太人家庭，1929 年毕业于列宁格勒军事机械学院，获得机械工程师资格。乌斯季诺夫也毕业于这所学校，该校被认为是装备部生产技术型知识分子的熔炉。毕业后，戈诺尔在列宁格勒"布尔什维克"工厂工作，任总工程师，而乌斯季诺夫是该厂厂长。二战爆发后，戈诺尔主要从事与火炮制造生产有关的工作，起先担任"街垒"（Баррикады）炮兵工厂厂长，后被调到乌拉尔重型机械制造厂 9 炮兵工厂工作。因战时优秀的工作，戈诺尔获得了"斯大林一等奖金"，并被授予列宁奖章、库图佐夫一级奖章。1947 年之后，苏联掀起与"外国事物"和"世界主义"做斗争的浪潮，戈诺尔于 1953 年遭指控参与"犹太复国主义"阴谋而被捕，不久后被释放。1954 年起担任航空发动机制造中央研究所副所长。1969 年因病在加里宁格勒去世。

② 88 科研所 1967 年改名为中央机械制造科学研究所（Центральный научно-исследовательский институт машиностроения, ЦНИИМаш）。鲁德涅夫、杨格尔、秋林、莫若林、乌特金都曾任研究所所长。

③ Фаворский В.В. Мещеряков И.В. Космонавтика и ракетно-космическая промышленность. Кн.1. Зарождение и становление（1946—1975）[M]. М.: Машиностроение. 2003. 27.（法沃尔斯基，梅谢里亚科夫. 航天学与航天火箭工业）

④ 特里特卡（К.И. Тритко, 1905—1973）：少将，炮兵总工程师。他在任 88 科研所专业设计局局长之前，从未接触过火箭技术。

从模仿到创新
——苏联液体弹道火箭技术的发展（1944—1951）

恢复①。这个部门初建时有60名工程师、55名技术工人和25名工人②。值得一提的是，20世纪60—70年代苏联空间项目的总设计师，许多都出自这个部门，而这个部门也是今天俄罗斯著名的科罗廖夫能源航天火箭集团公司（PKK Энергия）的前身。研究所的第二部分——专题科研设计部由波别多诺斯采夫领导，设有6个部门：材料科学部（M部），约尔丹斯基（В.Н. Иорданский）担任部门主任；强度部（П部），潘菲奥罗夫（В.М. Панферов）任主任；空气动力学与气体动力学部（A部），拉赫马图林（Х.А. Рахматуллин）任主任；试验部（И部），齐宾（П.В. Цыбин）任主任；控制系统部（У部），切尔托克任主任，还有火箭燃料部（T部）③。研究所第三部分是大型试验工厂。工厂的领导和工人都是炮兵出身，熟悉火炮生产。训练这些工人熟悉火箭制造工艺是一个困难的过程。

88科研所组织机构如下图所示（图4-5）：

---

① 第4部，由西尼里什科夫领导，负责可控对空远程火箭P-101的设计和德国"瀑布"火箭的恢复；第5部由拉什科夫（С.Е. Рашков）领导，负责设计可控中程对空火箭P-102，恢复德国"蝴蝶"和"莱茵女儿"火箭；第6部由科斯金（П.И. Костин）领导，负责不可控固体和液体燃料对空火箭P-103的设计，以及在德国"台风"火箭基础上将P-110飞行高度提高到15 km；第8部由乌曼斯基（Н.Л. Уманский）领导，是生产用于对空火箭的高沸点氧化剂液体火箭发动机的专业部门；第9部由伊萨耶夫领导，负责对空火箭液体火箭发动机的研制。

② Siddiqi A A. Sputnik and the soviet space challenge [M]. Gainesville: University Press of Florida, 2003: 43.

③ 部门代号取自部门类别的俄文首字母，如材料科学部（M部），M即Материаловедения（材料学）。

第四章　V-2 的苏联化与苏联本国弹道火箭的研制（1947—1951）

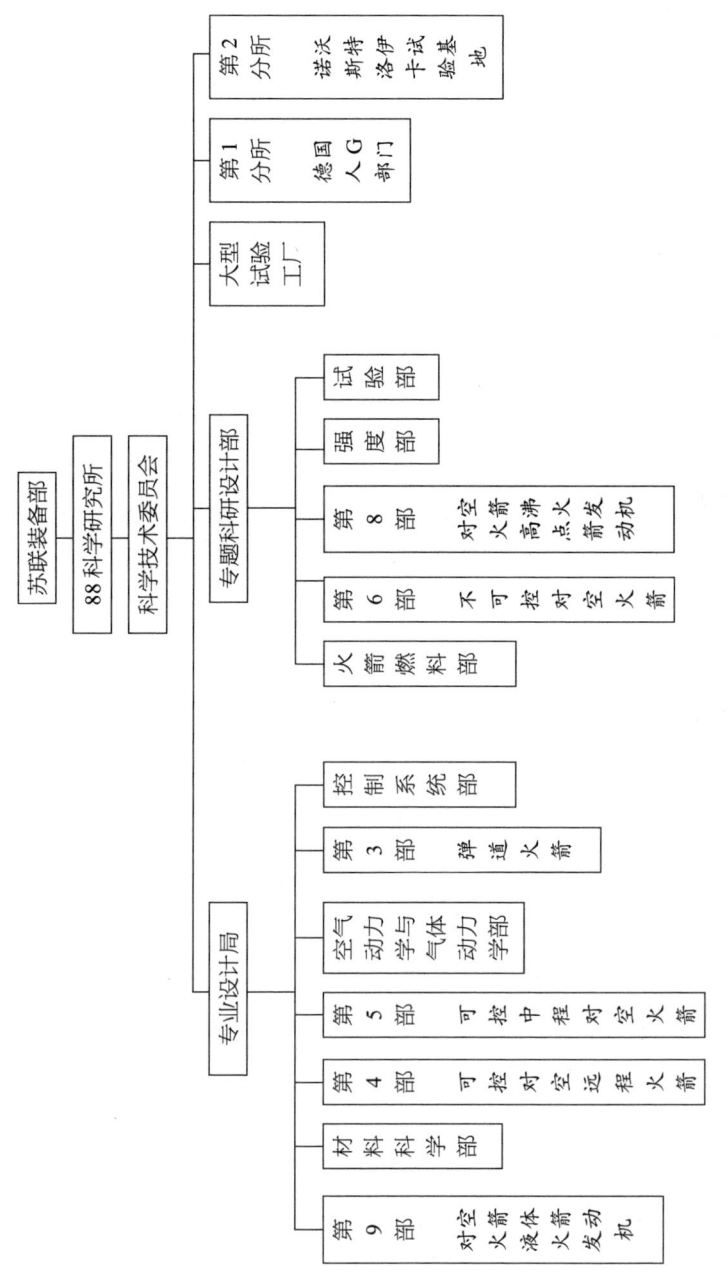

图 4-5　苏联装备部 88 科学研究所组织机构图①

---

① 笔者绘制。

从模仿到创新
——苏联液体弹道火箭技术的发展(1944—1951)

从 88 科研所的机构设置可以看出,这里炮兵专家占大多数,火箭技术专家只是少数,并且科罗廖夫在研究所的职位并不高。航空和火箭技术出身的专家们常以怀疑的态度看待炮兵专家,并且认为所有的军械人员中只有乌斯季诺夫理解自己的工作[①]。对科罗廖夫个人而言,也存在这样的问题。当时研究所里类似科罗廖夫第 3 部这样的部门超过 25 个,科罗廖夫的性格和他的功利心使其很难服从炮兵领导的指挥[②]。因此,他有时会越过自己的上级特里特卡和戈诺尔,直接去找乌斯季诺夫。这就造成科罗廖夫与 88 科研所领导之间常有摩擦。

1947 年为接收转移到苏联的德国火箭技术专家,88 科学研究所在谢利格尔(Селигер)湖中的戈罗多姆利亚岛(Городомля)建立了第 1 分所(Филиал № 1,图 4-6 和图 4-7)。这里位于莫斯科西北部约 300 km 处,坐落在距伏尔加河源头不远的人口稀少地区,研究所南部 6 km 是奥斯塔什科夫镇(Осташков)。谢利格尔湖面积约 212 km²,风景如画,以鱼多而著称,深受旅游者喜爱。戈罗多姆利亚岛是湖中面积第二大岛屿,约 3.14 km²,整个岛被茂密的松树和云杉覆盖。战前这里坐落着口蹄疫和炭疽热生物学研究中心,所以一直对游人关闭。1947 年,整个岛被转交给 88 科研所,并用铁丝网包围起来,由武装巡逻兵保卫。德国人自称为"和平俘虏"(Prisoners of peace)[③]。

[①] Черток Б Е. Ракеты и люди.Подлипки-Капустин Яр-Тюратам [M]. Москва : Издательство РТСофт, 2011:82.

[②] Черток Б Е. Ракеты и люди.Подлипки-Капустин Яр-Тюратам [M]. Москва : Издательство РТСофт, 2011:87-88.

[③] Альбринг В. Городомля : немецкие исследователи ракет в России [M]. Санкт-Петербург Европейский дом, 2005:12.

第四章　V-2 的苏联化与苏联本国弹道火箭的研制（1947—1951）

图 4-6　88 科研所第 1 分所（1946 年）①

图 4-7　奔赴戈罗多姆利亚岛的建设者队伍（1946 年）②

---

① Черток Б Е. Ракеты и люди.Подлипки-Капустин Яр-Тюратам［M］. Москва：Издательство РТСофт, 2011：82.

② Черток Б Е. Ракеты и люди.Подлипки-Капустин Яр-Тюратам［M］. Москва：Издательство РТСофт, 2011：82.

从模仿到创新
——苏联液体弹道火箭技术的发展（1944—1951）

第 1 分所服从 88 科研所所长戈诺尔的领导，苏霍姆利诺夫（Ф.Г. Сухомлинов）和马洛列托夫（П.И. Малолетов）先后担任分所所长。德国人来到苏联后，先被安置在离 88 科研所不远的疗养院，1947 年春被全部转移到戈罗多姆利亚岛。1947 年中期分所人员总数超过 400 名，其中有 177 名德国人，包括 5 位教授，24 位博士，17 位有文凭的工程师和 71 名工程师。所有德国人被划归到统一的组织中，由德国人自己选举的格勒特鲁普领导，他们被称为"88 集体"（Коллектив 88），后改名为"G 部门"①（图 4-8 和图 4-9）。这个部门囊括了弹道学、空气动力学、发动机、控制系统、火箭测试

图 4-8　戈罗多姆利亚岛的圣诞节聚餐（1948 年）②

---

① 俄文为 Г 部门，对于这个部门的代号"Г"有不同的解释：一种说法认为"Г"是该部门领导者格勒特鲁普俄文译名 Греттруп 的首字母；另一种说法认为"Г"是俄文中德国（Германия）一词的首字母。

② 此图为切尔托克摘自格勒特鲁普个人家庭档案。Черток Б Е. Ракеты и люди. Подлипки-Капустин Яр-Тюратам［M］. Москва：Издательство РТСофт, 2011：128-129.

第四章　V-2 的苏联化与苏联本国弹道火箭的研制（1947—1951）

图 4-9　格勒特鲁普在戈罗多姆利亚岛[①]

等研究领域，但只分为两个研究室，一个由布拉斯领导从事火箭箭身和发动机方面的所有工作，另一个由霍赫领导负责一切与弹道模拟研制相关的工作[②]。他们的主要任务是在苏联安排下帮助准备 V-2 的试验发射，以及开发相关的生产设施。

实际上，德国人的"G 部门"并没有配齐火箭技术研制所需的全部领域，为对德国人的工作进行监督并提供必要的帮助，波别多诺斯采夫安排 88 科研所控制系统部主任切尔托克、发动机部主任乌曼斯基、材料部主任约尔丹斯基、试验部的沃斯克列先斯基协助德国部门的工作。

根据乌斯季诺夫的提议，1948 年 88 科研所选定在诺沃斯特洛伊卡（Новостройка）建设第 2 分所（Филиал № 2，图 4-10）[③]，它其实是一个火

[①] Черток Б Е. Ракеты и люди.Подлипки-Капустин Яр-Тюратам [M]. Москва: Издательство РТСофт, 2011: 128-129.

[②] Альбринг В. Городомля: немецкие исследователи ракет в России [M]. Санкт-Петербург Европейский дом, 2005: 60.

[③] 这个分所后来成为独立的机构，即 229 科研所（НИИ-229）。

箭发射前进行地面试车的试验基地。这里位于扎戈尔斯克（Загорск）以北15 km处，茂密的森林遮掩下有很深的峡谷，为发动机试车提供了合适的空间。这个分所的工作由塔巴科夫（Г.М. Табаков）总负责。1949年2月，部长会议为此基地的建设拨出1 500万卢布和75辆载重汽车，要求在当年10月前完成一期建设①。1949年底这里建成1号试验台、办公场所、火箭准备试验区、压缩机、测试厂房、修配厂等设施，燃料仓库尚在建设中。

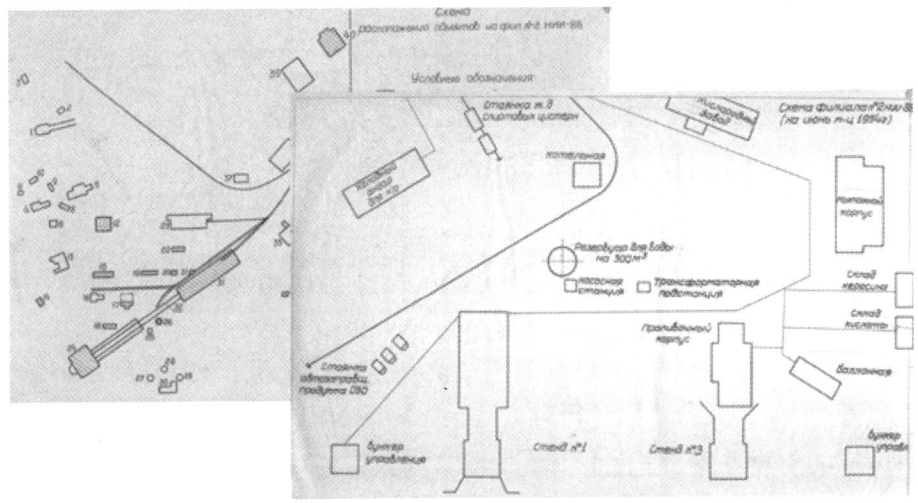

图4-10　88科研所第2分所布局图②

88科研所的创建和形成时期，即1946—1948年，是其历史上最困难的一段时间③。研究所亟需在短期内确定科研和试验工作的具体课题，建设或改建试验和生产基地，更新实验室设备，组织和协调各部委的大量科研、设计

---

① Из постановления Совета Министров СССР № 647-254 Об изготовлении из отечественных материалов ракет дальнего действия Р-1 первого варианта（типа Фау-2）и итогах проведения заводских летных испытаний［A］. Ивкин В И, Сухина Г А. Задача особой государственной важности. Из история создания ракетно-ядерного оружия и Ракетных войск стратегического назначения（1945—1959 гг）. Москва: РОССПЭН, 2010: 179.（苏联部长会议 № 647-254 决议《关于本国材料第一批（V-2类型）远程火箭Р-1的研制及其工厂飞行试验结果》）

② Схема филиала 2 НИИ-88. План.Калька［A］. РГАНТД. Ф. 33 оп.3. д.6 л. 41, 42. http://vystavki.rgantd.ru/hkorolev/pics/011_003.jpg.

③ Фаворский В.В. Мещеряков И.В. Космонавтика и ракетно-космическая промышленность. Кн.1. Зарождение и становление（1946—1975）［M］. М: Машиностроение. 2003: 27.

第四章　V-2 的苏联化与苏联本国弹道火箭的研制（1947—1951）

和生产组织的复杂合作，解决与人事相关的问题，以及住房、学校、学前教育机构、商店、大众餐饮、文化和消费服务等一系列社会问题。尤其战后最初几年，建筑单位无法保障必要的施工规模，研究所的各部门也参与到了施工建设中。仅1947年研究所就完成了造价2 787万卢布的工程量，这占到88科研所基本建设投资总额的46%①。

88科研所的大规模建设和科研工作的开展，与乌斯季诺夫不遗余力地争取资源和重视干部培训有很大关系。在工作中，乌斯季诺夫的充沛精力和注重细节的态度给同事们留下了深刻印象。在与上级领导的来往信件中，可见他努力为88科研所和其他重要项目争取资源和高标准的资金供应②。他常附上具体供应类别的详细数据，说明哪一项缺少，缺了多少，为什么缺，等等。在干部培训方面，乌斯季诺夫与苏联科学院、莫斯科鲍曼高等技术学校，以及航空和国防工业的大学建立联系，形成人员培训和进修的体系。1947年莫斯科鲍曼高等技术学校开设高级工程师进修班③，由考察过德国火箭技术的苏联专家，如科罗廖夫、波别多诺斯采夫、科斯莫杰米扬斯基、梁赞斯基和切尔托克等人讲授课程，传授德国经验和知识。科罗廖夫为这个进修班系统化地讲授"远程弹道火箭的设计基础"（Основы проектирования баллистических ракет дальнего действия），这被认为是苏联火箭设计者的第一个工程教程④。88科研所内还设有全苏函授理工研究院的学习班，1948年10月首批45人进入该院学习，另有50人进入其他大学读研究生。

2. 火箭武器的主要生产协作机构

V-2系统异常复杂，不再是一个机构能够承担的。发动机、地面设备等

---

① Фаворский В.В. Мещеряков И.В. Космонавтика и ракетно-космическая промышленность. Кн.1. Зарождение и становление（1946—1975）[M]. М：Машиностроение. 2003. 32.

② Быстрова И.В. Советский военно-промышленный комплекс：проблемы становления и развития（1930—1980-е годы）[M]. М：ИРИ РАН, 2006. 558.

③ 在这个进修班基础上，莫斯科鲍曼高等技术学校1948年创建火箭技术系（факультет ракетной техники）。

④ Черток Б Е. Ракеты и люди.Подлипки-Капустин Яр-Тюратам [M]. Москва：Издательство РТСофт, 2011：36.

从模仿到创新
——苏联液体弹道火箭技术的发展（1944—1951）

都需要与其他部委的研究所通力协作，导航与控制系统更是由国防工业的几个单位共同完成的。这需要多种机构合作。

液体火箭发动机的设计和批量生产，由航空工业部456试验设计局负责。它是根据1946年6月7日航空工业部部长赫鲁尼切夫的命令，在84航空工厂（Авиационный завод № 84）的基础上建立的。该工厂在战前专门生产美国道格拉斯公司飞机的仿制品——里–2（Ли–2）型运输机。456试验设计局（图4-11）位于莫斯科郊外的希姆基（Химки），格鲁什科担任总设计师。谢夫鲁克（Д.Д. Севрук）和日里茨基（Г.С. Жирицкий）任副总设计师。11—12月间，格鲁什科将喀山特殊监狱——16专门发动机试验设计局（ОКБ–СД）的部分工作人员转移到希姆基。这些同事曾与他在喀山的特别监狱16工厂一起从事RD-1和RD-1XZ液体火箭发动机（飞机助推器）的研究。此次转移，运来96名工作人员和243名家属，还有7车厢的设备和物资[①]。

图4-11 456工厂全景图（1946年）[②]

火箭武器的导航和控制系统主要是由通信器材工业部885科研所承担的。这个研究所由国防部下属的众多工厂组建而成，它们多是战时从列宁格

---

① Качур П И, Глушко А В. Валентин Глушко.Конструктор ракетных двигателей и космических систем［М］. СПб.:Политехника, 2008:429.

② Качур П И, Глушко А В. Валентин Глушко.Конструктор ракетных двигателей и космических систем［М］. СПб.:Политехника, 2008:312-313.

第四章 V-2 的苏联化与苏联本国弹道火箭的研制（1947—1951）

勒疏散来的，从事军用感应器电话机和远距离控制电动机的生产。研究所坐落在莫斯科市的航空发动机大街（Авиамоторная улица）上，马克西莫夫（Н.Д. Максимов）担任所长，梁赞斯基任科研副所长和总设计师，皮柳金任自主控制系统副总设计师。由于所长本人并不了解火箭技术，因此研究所创立初期实际是在梁赞斯基和皮柳金的领导下开展工作，主要分为三个方向：自主控制系统、无线电控制系统和无线电遥测系统。电气工业部的无线电研究机构——20 科学研究所（НИИ-20）也参与到控制系统的研制中，帮助恢复德国随航遥测系统，研制本国的遥测系统。

导航与控制系统稳定性方面的工作，由造船工业部 10 科研所（НИИ-10）承担，负责研制陀螺仪。研究所也坐落在莫斯科航空发动机大街上。与新组建的 88 和 885 科研所不同，10 科研所在 1943 年就创立了由 B. 库兹涅佐夫和伊什林斯基（А.Ю. Ишлинский）领导的陀螺专门设计部，配备有技术装备良好的试验室，曾研制舰船的陀螺导航系统和坦克火炮的陀螺稳定系统。在 1946 年"决议"后，这个研究所从舰船和坦克转向火箭技术研究。

控制系统的电力保障工作由电气工业部 627 科学研究所负责。所长约瑟菲扬被认为是跟踪系统和电子同步通信装置领域的著名专家。在他的带领下，研究所为火箭舵机生产电动机、微调电容器和极化继电器。后来这个研究所成为专注于伺服传动装置技术和所有种类小功率电机研制生产的主要基地，1959 年更名为全苏机电科学研究所（ВНИИЭМ）。箭载电气设备和所有地面电气设备的生产分别由莫斯科"机械仪器"工厂（Завод "Машиноаппарат"）和"探照灯"工厂（Завод "Прожектор"）完成。

值得注意的一点是，在"决议"中苏联科学院（АН СССР）并没有得到直接的委托。在实际工作中，尽管研究所有严格的保密制度，但所有主要专家都明白必须与没有参与到协作中的科学机构保持必要的联系[1]。1947年 1 月，在控制系统领域出现了与科学院自动化技术与遥控力学研究所（Институт автоматики и телемеханики）的合作。

---

[1] Черток Б Е. Ракеты и люди.Подлипки-Капустин Яр-Тюратам [M]. Москва：Издательство РТСофт, 2011：116.

从模仿到创新
——苏联液体弹道火箭技术的发展（1944—1951）

火箭武器的地面发射、起重运输、装填燃料和地面辅助设备的工作都由机器和仪器工业部的专门机器制造国家设计局负责，巴尔明任设计局局长、总设计师。这个设计局是在"压缩机"工厂（завод Компрессор）的基础上建立的，该工厂在战时是喀秋莎火箭炮发射装置的主导生产企业。

以上所述的各火箭武器研制机构中也有德国人参与其中。有些机构采取与88科研所一样的做法，为德国人设立单独的部门开展工作；另一些机构则允许德国人与苏联人一起工作。比如，从事控制系统研究的885科研所，将德国专家安置在莫尼诺（Монино）小镇中的疗养院，这里位于莫斯科以东23 km处。而从事发动机研制的456试验设计局，格鲁什科将德国人安排到发动机生产的具体责任岗位上，将他们视为自己的下属，但德国人从未被允许参与到新型发动机的设计中。

武装力量部是战后苏联在国防人民委员部（Наркомат обороны）的基础上新组建的一个部委，由布尔加宁任部长，在火箭武器组织工作中主要解决军事应用方面的问题。为此，武装力量部在总军械部和海军分别设立了两个喷气武器管理局——总军械部第4管理局（4-м Управления ГАУ）和第4管理局（Управления №4）。雅科夫列夫领导的总军械部还成立了第4科学研究所（НИИ-4 ГАУ），由近卫炮兵将军涅斯捷连科任所长，研究所共有军人446名[①]。

根据"决议"，武装力量部承担国家中央试验场的建设，以供所有从事火箭武器研究的部委使用。1947年5月17日，布尔加宁下令试验场的选址和建设工作由近卫火箭炮兵部队的沃兹钮克将军总负责，并建立了3个选址委员会，要求在1个月内完成选址工作。选址委员会的成员都是军方人员，包括水文地质专家、军事项目建设工程师、筑路工程师等，火

---

① Приказ министра Вооруженных Сил СССР № 007 о формировании Управлений реактивного вооружения и Научно-исследовательского реактивного института [A]. Ивкин В И, Сухина Г А. Задача особой государст-венной важности. Из истории создания ракетно-ядерного оружия и Ракетных войск стратегического назначения（1945—1959 гг）. Москва: РОССПЭН, 2010: 43. （苏联武装力量部长 № 007 关于建立喷气武器管理局和喷气科学研究所的命令）

第四章　V-2 的苏联化与苏联本国弹道火箭的研制（1947—1951）

箭专家并没有参与这次选址工作。几天后委员会奔赴不同区域开展工作：第一委员会在斯大林格勒（Сталинград）[①]东南部 45 km 处的拉伊戈罗德（Райгород）地区；第二委员会位于斯大林格勒东南部 130 km 处的弗拉基米罗夫卡（Владимировка）和斯大林格勒东北部 170 km 处的尼古拉耶夫斯基（Николаевский）地区；第三委员会则在乌拉尔斯克（Уральск）以东 120 km 的乌拉尔斯克-奥津基（Уральск-Озинки）区域工作[②]。

1947 年 7 月 27 日，委员会在 9 个备选地点中，选定阿斯特拉罕州斯大林格勒与阿斯特拉罕之间的卡普斯京亚尔。这里位于伏尔加河（Волга）与其支流阿赫图巴河（Ахтуба）之间的河间地，是一片光秃干旱的草原，远离居住区而又离铁路较近，毗邻斯大林格勒的主要工业中心。部长会议确认了选址委员会的决定，试验场被命名为卡普斯京亚尔国家中央试验场（ГЦП Капустин Яр）。

试验场完全是从头开始的建设，军人们将此视为一场战役。工地的条件十分艰苦，士兵们只能住在帐篷和土窑里，尽管他们以很快的速度建设，但直到 1947 年秋天 V-2 准备飞行试验时，试验场只完成了最低要求的必要设施。1949 年，部长会议追加拨款 5 000 万卢布，要求保障在当年 7 月前完成主要工程建设，其中包括 1 500 万的居住-交通项目[③]。试验场除基础设施外，还建立了管理局、服务保障部队、后勤部门等 20 多个机构。

苏联液体火箭武器研制的整个体系如图 4-12 所示。

[①] 该城市在 1925—1961 年称为斯大林格勒，1961—2013 年称为伏尔加格勒，2013 年后又改回斯大林格勒这个名字。

[②] Приказ министра Вооруженных Сил СССР № 007 об обеспечении работы комиссии по выбору места расположения Государственного центрального полигона МВС [A]. Ивкин В И, Сухина Г А. Задача особой государственной важности. Из история создания ракетно-ядерного оружия и Ракетных войск стратегического назначения（1945—1959 гг）. Москва: РОССПЭН, 2010: 131.

[③] Из постановления Совета Министров СССР № 647-254 Об изготовлении из отечественных материалов ракет дальнего действия Р-1 первого варианта（типа Фау-2）и итогах проведения заводских летных испытаний [A]. Ивкин В И, Сухина Г А. Задача особой государственной важности. Из история создания ракетно-ядерного оружия и Ракетных войск стратегического назначения（1945—1959 гг）. Москва: РОССПЭН, 2010: 179.

从模仿到创新
——苏联液体弹道火箭技术的发展（1944—1951）

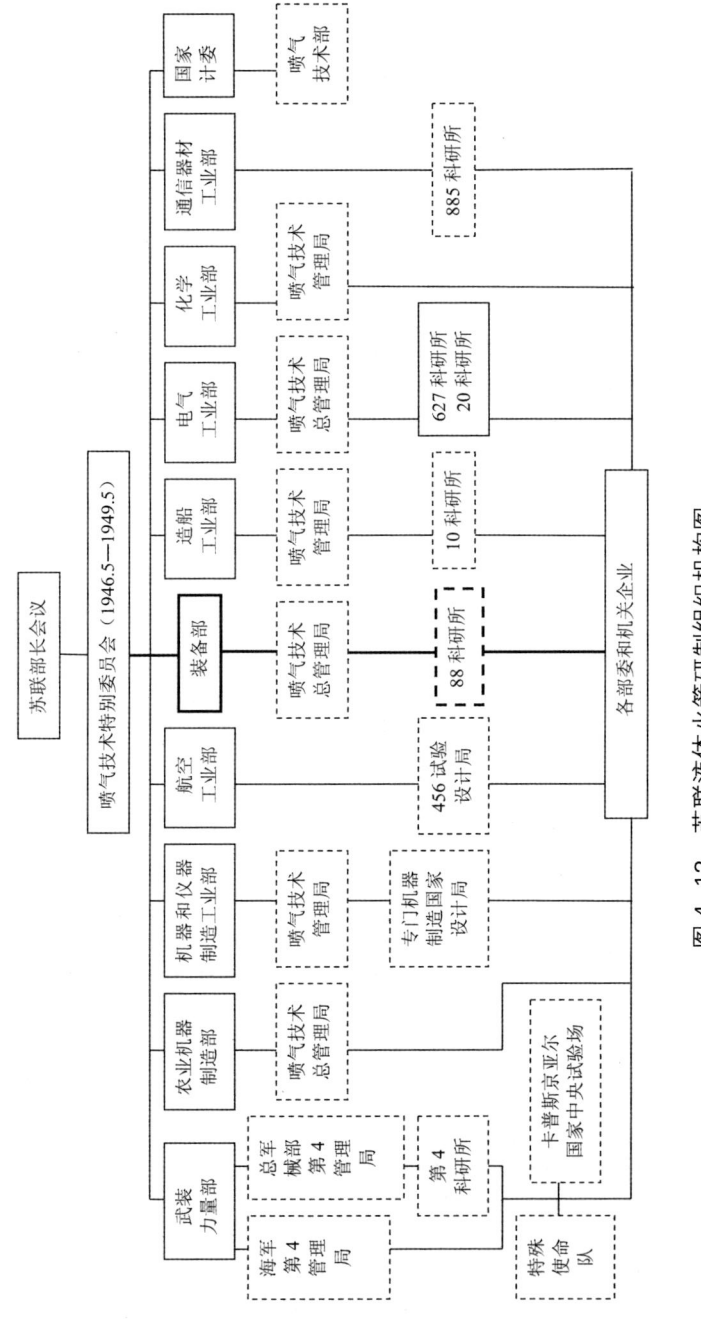

图 4-12 苏联液体火箭研制组织机构图

① 笔者绘制。图中实线表示原有机构，虚线表示新建机构。1949 年 5 月 15 日，喷气技术特别委员会被撤销后，装备部成为整个火箭技术工作的统领部委。

第四章　V-2 的苏联化与苏联本国弹道火箭的研制（1947—1951）

第二节　V-2 的苏联化——R-1 火箭的生产

R-1 火箭（俄文为 Р-1，代码 8A11，北约代码 SS-1）是德国 V-2 的忠实仿制品，算是苏联的第一种弹道火箭。R-1 就是尽可能采用苏联国产材料制造的 V-2，国产化和发射工作是 1947 年大批苏联专家从德国回到苏联后进行的。R-1 开启了德国火箭技术苏联化的进程，苏联共有 13 家科研所和设计局，以及 35 家军工厂参与制造 V-2[①]。

一、关于 V-2 国产化的争论

《喷气武器问题》决议规划了将 V-2 国产化的本国火箭武器发展路径，但是，火箭武器研制的各方之间还存有分歧。争论的焦点在于：既然已经发现 V-2 有种种局限，是否还有必要精确复制它，实现再生产？对此问题的讨论不仅限于当时，即使多年之后技术专家中仍有一些争论[②]。

技术专家更热衷于在本国第一种弹道火箭武器上就实现对 V-2 的改进。在德国他们不仅全力恢复 V-2 火箭，还自主开展了改进 V-2 的一些专题研究，甚至研究更强大的新火箭。他们的探索性研究包括：V-2 发动机推力的提升、75~100 t 推力喷气发动机的设计、发动机组合件设计的简化、V-2 控制仪器新方案的研究、V-2 射程的提高，等等。在这些尝试之后，即 1946 年 8 月苏联部长会议要求火箭专家们评估通过改进 V-2 使其射程达到 600 km（即未来的 R-2 火箭）的可能性。于是，科罗廖夫带领诺德豪森研究所的火箭设计部和控制部的专家们，一起承担了这项任务。

---

① Uhl M. Stalins V-2: Der Technologietransfer der deutschen Fernlenkwaffentechnik in die UdSSR und der Aufbau der sowjetischen Raketenindustrie 1945 bis 1959 [M]. Bonn: Bernard & Graefe-Verlag, 2001: 172.

② Черток Б Е. Ракеты и люди. Подлипки-Капустин Яр-Тюратам [M]. Москва: Издательство РТСофт, 2011: 123.

从模仿到创新
——苏联液体弹道火箭技术的发展（1944—1951）

1946年8月，正在德国考察的乌斯季诺夫，或许感受到了一些人对于改进型火箭的热情，向专家们表明了自己较为坚定的态度：

> 在这里（德国）完成了一个非常庞大和重要的工作。我们的工业不是从零开始，也不是从空白开始，而是要先学会在德国完成的这些。在开始做自己的东西之前，我们应该先准确地再现德国技术。我知道，有些人不喜欢这样。你们找到了德国火箭中的许多毛病，充满了想用自己的方法做这件事的愿望。但是初期我们禁止这么做。你们首先得证明，不会做得更坏。而对于那些借鉴我们经验和历史的人，我想说：我们对火箭拥有全部处置权，因为我们为之付出了巨大的心血。
>
> 但是我们不强迫任何人。谁不愿意，可以去找其他的工作……①

1947年，大批苏联专家回国后，火箭武器研制面临的任务有V-2的试验发射、V-2的国产化，以及新型火箭的方案设计等。乌斯季诺夫是精确复制V-2，即V-2国产化的发起者和坚定的实施者。他希望借此实现三个目标：快速联合起工程师和工人的庞大集体，教会他们如何工作；使本国工业尽快参与到火箭研制中，掌握火箭武器的制造工艺和技术特点；在工作中实现与军方部门的协调②。

科罗廖夫和其他工程师都很清楚V-2国产化是个过渡措施。梁赞斯基和皮柳金等人将这个措施视为对工艺、生产以及本国工业建立的一种教学。科罗廖夫对此没有太大的热情。为此，他与自己的上级乌斯季诺夫不止一次发生严重冲突③。1947年2月，苏联召开一个政府级别的火箭技术远景规划讨论会。在这次会议上，科罗廖夫提交了一份书面报告。在报告中，他明确反

---

① Черток Б Е. Ракеты и люди.От самолетов до ракет［M］．Москва：Издательство РТСофт, 2010:327.

② Черток Б Е. Ракеты и люди.Подлипки-Капустин Яр-Тюратам［M］．Москва：Издательство РТСофт, 2011:124.

③ Черток Б Е. Ракеты и люди.Подлипки-Капустин Яр-Тюратам［M］．Москва：Издательство РТСофт, 2011:54.

第四章 V-2 的苏联化与苏联本国弹道火箭的研制（1947—1951）

对简单地复制 V-2，强调在 V-2 试验发射中对其缺陷形成更全面的认识，并在首批国产 V-2 火箭中就实现改进。切尔托克在 1996 年回忆科罗廖夫的观点时写道：

> 如果我国 P-1 火箭[①]的实现，只限于简单复制德国技术，只是把材料都替换成我国品牌，那将是个错误。除替换材料，以及在新条件下恢复导弹部件和零件制造的整个工艺流程，还应该牢记，德国人制造的 V-2 火箭并未达到服役要求的完善程度……还有很多问题都应当在我国首批 P-1 火箭的研制期间，在我们的科研机构、研究所、工厂、试验台和试验场中进行广泛的研究和完善。
>
> 德国火箭技术的研究经验表明，为了解决这个任务，即 V-2 的最终优化，德国人花费了巨大的人力和物力。展开试验-设计工作的同时，德国人还在大量科研机构里进行广泛研究，既有应用的，也有问题性质探究的。
>
> 已知的还有，德国人有相当数量的火箭在空中损毁，而其原因尚未确定。很多情况下，火箭都无法实现要求的飞行轨迹和精度。已知的火箭发射时的大量损坏，是由于控制仪器，以及发动机装置的部件和机件等故障造成的。
>
> 我们至今还没有进行之前组装的德国样品的飞行试验，因此，我们对这个设计还没有完整的认识。
>
> 所有这些和许多其他问题都需要在我们的科研机构、研究所、工厂、试验台和试验场上去解决，在我国首批 P-1 研制和生产中进行广泛的研究和改进。
>
> 为此，首先必须要对科研所仓库里贮藏已久的 V-2 火箭进行飞行试验。这将提供必要的实践经验，并为远程火箭领域的工作者提出一系列新的任务。
>
> 现在必须要着手用于飞行试验的试验场设备和轨道，以及试验

[①] 即 R-1。当时国产的 V-2 还不叫 P-1，事后切尔托克回忆时采用了这个名字。

从模仿到创新
——苏联液体弹道火箭技术的发展(1944—1951)

场区域内试验台的建设。①

此外,很多政府官员反对复制德国火箭将其国产化。不过他们并不是从技术或工业角度出发,而是出于思想政治方面的考虑。由于日丹诺夫主义②的影响,火箭技术领域也掀起反对外国事物的浪潮,强调科学技术中的任何创造都不能有外国的影响。在这样的情况下,乌斯季诺夫与里亚比科夫、韦托什金一起坚持实施 V-2 的国产化,这一主张得到了斯大林的肯定。尽管科罗廖夫对新型火箭研制的意见未被采纳,但他的观点促进了 V-2 的试验发射以及火箭试验场的建设。

V-2 的国产化始于 1947 年中期。1948 年 4 月 14 日,苏联部长会议通过第 1175-440 号决议③,对弹道火箭武器研制方面的工作制定了详细计划。这项决议将 V-2 的国产化产品称作 R-1,同时安排射程为 600 km 和 3 000 km 火箭的研制任务,它们分别称作 R-2 和 R-3 火箭。

仿制德国 V-2,即再生产这样的做法并没有出现在美国。或者说,美苏两国在德国火箭技术本土化的问题上,采取了不同的发展路径。美国人在冯·布劳恩等德国专家的帮助下,成功组装 V-2 火箭并进行试验发射后,开

---

① Черток Б Е. Ракеты и люди.Подлипки-Капустин Яр-Тюратам [M]. Москва:Издательство РТСофт, 2011: 60-61.
② 日丹诺夫(А.А. Жданов, 1896—1948)是斯大林的重要副手,任政治局委员、列宁格勒第一书记,主管意识形态工作。1946 年 8 月 14 日,苏共中央委员会颁布一则通告,抨击以列宁格勒为活动中心的月刊杂志《星》(Звезда)和《列宁格勒》(Ленинград),称它们的作品培养对西方现代资产阶级文化的奴性,与苏联人民格格不入。2 天后,日丹诺夫对苏联作家协会列宁格勒分会发表讲话,批评苏联的报刊和作家在西方文学和文化面前的奴性。这次讲话开始了所谓的"日丹诺夫主义"——一场反对西方影响、赞美苏联科学文化具有独一无二优越性的意识形态运动。随着苏联与西方关系的恶化,日丹诺夫主义的强度加大。到 20 世纪 40 年代末 50 年代初,苏联国内政治发生了明显的恐外转向,如公民被禁止与外国人接触;采取严厉措施以防国家机密泄露;在莫斯科工作的西方记者受到严苛的检查,等等。这一运动从 1946 年夏一直持续到 1948 年 8 月日丹诺夫突然死亡。它虽被称为日丹诺夫主义,但是由斯大林发起和策划;这方面所有重要的公开讲话,都是由他审查和修改的。一些专家认为日丹诺夫的死亡也是斯大林一手策划的。详见:[英]罗伯茨著. 斯大林的战争 [M]. 李晓江译. 北京:社会科学文献出版社, 2013: 33-37.[美]梁赞诺夫斯基,斯坦伯格. 俄罗斯史 [M]. 杨烨译. 第 7 版. 上海:上海人民出版社, 2007: 513-514.
③ 因此决议尚未解密,学术界关于这份决议内容已知的信息十分有限。

第四章　V-2 的苏联化与苏联本国弹道火箭的研制（1947—1951）

始了一系列新探索，呈现出多头并进的局面①。例如，自制探测仪器作为 V-2 的有效载荷，开展高空科学研究；实施"缓冲器计划"（Project Bumper），将本国的"女兵下士"火箭与 V-2 组合，开展多级火箭的试验；还将 V-2 用于在舰艇上发射；在以上研究的基础上，着手美国第一项大型导弹计划——赫尔墨斯计划（Project Hermes）。与美国相比，苏联在这段时间内显得更为专注、谨慎。

二、苏联首批 R-1 及其发射试验

苏联对 V-2 的国产化常常被描述为只是简单的复制或仿制，但实际上这是一个艰难的过程，历时数年，苏联火箭设计师们倾注了所有力量在这项事业上。仿制工作中出现的大量问题，使得火箭专家们充分、深入地熟悉了火箭生产中多层次的技术，并首次提出了自主解决方案②。

1. 首批 R-1 的生产

V-2 的仿制工作一开始就遇到了很多难题。这些问题都具有普遍性，影响到火箭各系统工作的开展。

在技术性文件的认识方面，航空系统出身的火箭设计师们与作为生产单位和订货商的炮兵，存在一些冲突。R-1 的图纸和技术文件准备，主要由科罗廖夫领导的 88 科研所第 3 部负责。科罗廖夫、米申和布德尼克等火箭专家，希望将国产化工作引向航空业的生产程序。因此，他们默认在不影响整体战术技术性能的情况下，与图纸不大的偏差或者管线铺设的调整都是正常的，并不认为需要编写严格的技术要求。但在承担制造任务的主要单位 88 科研所的生产部门，以及订货商总军械部中，造炮者占了大多数。造炮者们在战时培养的习惯是，根据详尽的技术文件在没有设计师的参与下，就可以组织火炮的大规模生产。因此，总军械部要求设计师们必须编写出精确、严格

---

① 顾诵芬，史超礼. 世界航天发展史 [M]. 郑州：河南科学技术出版社，2000：125.
② Uhl M. Stalins V-2：Der Technologietransfer der deutschen Fernlenkwaffentechnik in die UdSSR und der Aufbau der sowjetischen Raketenindustrie 1945 bis 1959 [M]. Bonn：Bernard & Graefe-Verlag，2001：177.

从模仿到创新
——苏联液体弹道火箭技术的发展（1944—1951）

的技术文件。为此，火箭设计师们又对技术图纸和文件进行再加工，制定并详细描绘必须进行的生产步骤。在这个问题上，设计师们与造炮出身的技术工人之间经历了心理上的调试和实际生产中的磨合。

在采购国产化所需的材料方面，更是困难重重。V-2 生产中共使用 86 种不同的钢，类似性能的钢材料苏联当时只能生产出 32 种；V-2 应用了 59 种有色金属，苏联只能找到 21 种；非金属材料的获得则更为艰难，如橡胶、垫圈、密封物、绝缘物、塑料等，共需要 87 种非金属材料，而苏联的工业只能提供 48 种[①]。为保证新材料的研制，斯大林下令众多科研机构参与 R-1 生产。这些机构包括：中央巴尔金黑色冶金科学研究所（ЦНИИчермет）、苏联科学院冶金学研究所（ИМ）、橡胶工业科学研究所（НИИ резиновой промышленности）、全苏航空材料科学研究所（ВИАМ）、苏联科学院物理化学研究所（ИФХ）、中央航空燃料及润滑油科学研究所（ЦИАТИМ）、"镰刀与斧头"工厂（Завод Серп и Молот）、电炉钢工厂（Завод Электросталь）、轻合金联合工厂（СКЛС）和列宁格勒橡胶制品研究所（ЛРИ）等。

尽管国产化要求精确复制 V-2，但考虑到它在苏联试验发射中出现的一些问题，苏联人还是对 V-2 做了一些改变。在火箭整体设计上，R-1 由弹头、控制设备舱、燃料舱和尾段四部分组成，但控制设备舱和尾段的长度略有增加，使得火箭全长增至 14.27 m。尾舱还特别开了一个舱口，便于在不拆掉整个尾舱的情况下更换舵机。火箭设计射程为 270 km，比原来多了 20 km，为此需要增加 215 kg 酒精燃料，并进行相应的弹道计算。在首批 R-1 弹头里没有填充炸药，而是装满压舱物和烟雾混合剂，以保证对火箭的搜寻（图 4-13 和图 4-14）。

发动机的研究是整个 R-1 制造的关键环节，这项工作由格鲁什科领导的航空工业部 456 工厂负责。苏联仿制 V-2 的发动机被命名为 RD-100

[①] Черток Б Е. Ракеты и люди.Подлипки-Капустин Яр-Тюратам [M]. Москва：Издательство РТСофт, 2011：125.

第四章　V-2 的苏联化与苏联本国弹道火箭的研制（1947—1951）

（РД-100）发动机，仍采用液氧和酒精作为推进剂。液氧和酒精燃料箱由铝镁合金焊接而成，这种材料是由航空工业部门生产的。大型燃烧室的焊接对苏联来说，是一个棘手的问题。苏联产的燃烧室焊接处凹凸不平，有许多地方被烧穿，测试中出现多处裂缝。在莫尔德温采夫（Л.А. Мордвинцев）的领导下，88 工厂开发出新的焊接技术，成为火箭生产过程中的关键技术之一。发动机仿制中另一个困难是对非金属密封材料的选择，这涉及各种橡胶零件，以及所有气动和液压接合处的密封。此外，RD-100 发动机还做了一些改进，如简化涡轮泵主要结构部件之间的连接，使其循环更为优化；将液氧喷嘴狭窄迷宫式的密封替换为扁宽型，以防止螺纹松动[1]。

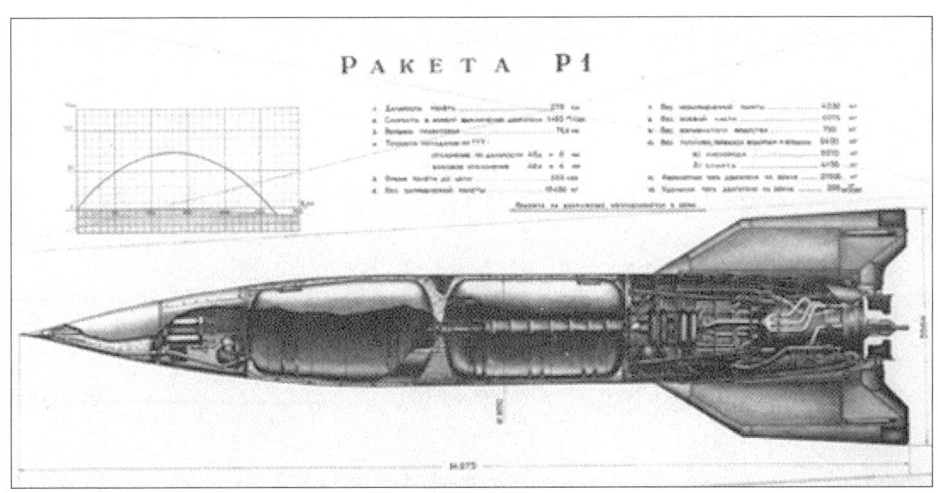

图 4-13　R-1 火箭数据图（标有弹道轨迹、火箭射程、重量等指标）[2]

---

[1] Przybilski O H. The Germans and the Development of Rocket Engines in the USSR [J]. Journal of the British Interplanetary Society, 2002（55）:404-427.

[2] Схема ракеты Р-1 [A]. РГАНТД. Ф.107 оп. 2 д. 66. http://vystavki.rgantd.ru/korolev/pics/012_019.jpg.

从模仿到创新
——苏联液体弹道火箭技术的发展（1944—1951）

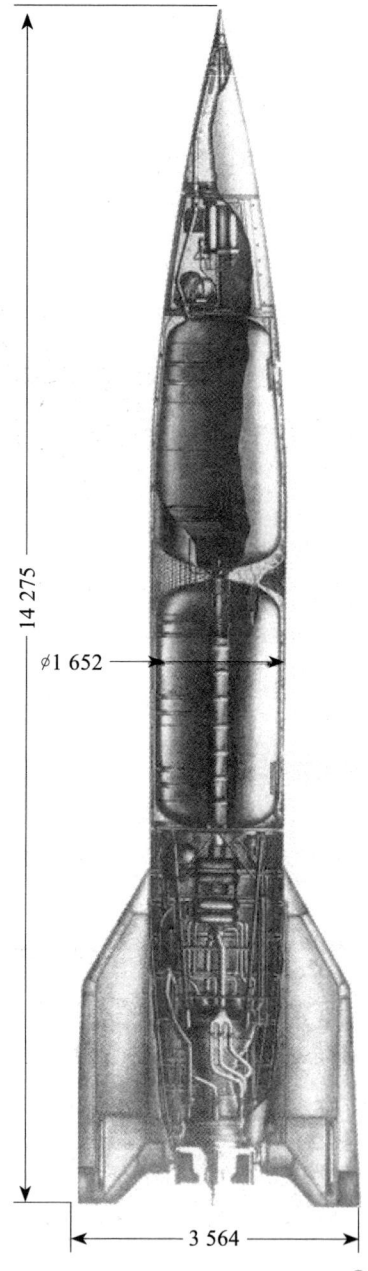

图 4-14　R-1 火箭布置图 [1]

---

[1] Схема ракеты Р-1 [A]. РГАНТД. Ф.107 оп. 2 д. 67. http://vystavki.rgantd.ru/korolev/pics/012_017.jpg.

第四章　V-2 的苏联化与苏联本国弹道火箭的研制（1947—1951）

控制系统的仿制主要由通信器材工业部 885 科研所和 20 科研所，以及造船工业部 10 科研所承担。R-1 的控制系统仍采用由水平陀螺仪、垂直陀螺仪和纵向加速积分仪组成的陀螺平台进行制导。10 科研所承担陀螺仪的仿制，B. 库兹涅佐夫和采齐奥勒在深入研究 V-2 的基础上，大幅提升了国产陀螺仪的性能。例如，他们注意到为水平陀螺仪程序机构传递脉冲信号的振荡器运行很不稳定，于是改为通过电动发电机的专门收集器来传递信号[1]。20 科研所的杰格佳连科曾负责恢复德国四通道的"墨西拿"遥测系统。经改进，他研制出八通道的"布拉津利奥尼特"（Бразилионит）系统。这个新系统采用与原来一样的频率通道分配原理，借助提高通过能力从而改善了整个无线电监控系统的性能，得到的信息量是原系统的 2 倍。R-1 的整体电路分布，以及电子元件的数量和功用与 V-2 没有什么差别，利多连科和约瑟菲扬分别负责铅蓄电池和电动发电机的仿制，保障整个供电系统。V-2 试验发射中霍赫和马格努斯博士引入的滤波器，仍被应用到 R-1 的控制系统中。

R-1 在生产中遇到不小的问题。因材料品种短缺、质量达不到所需的标准，造成火箭零部件仿制中的困难。例如，在舵机生产中，由于橡胶质量达不到要求，机油在工作压力下打穿了橡胶密封垫，导致舵机一直漏油；机油一旦与液态氧的混合物结合，就有发生爆炸的危险。在计划时间内，设计师们一直无法找到合适的替代材料，最终乌斯季诺夫下令继续使用德国的橡胶密封垫。特殊铸铁也因达不到需要的纯度，造成舵机的齿轮泵时常损坏。在发动机仿制中，问题更为严重。由于缺少合适的特殊钢材料和橡胶制品，有 400 多种发动机零部件无法进行生产[2]。

材料问题还常常与制造工艺交织在一起，形成许多错综复杂的问题，在本国无法生产的情况下苏联不得不使用现成的德国零部件。控制系统的个别继电器由特殊陶瓷材料制成，仿制期间苏联人一直无法掌握这种陶瓷的生产

---

[1] Черток Б Е. Ракеты и люди.Подлипки-Капустин Яр-Тюратам [M]. Москва : Издательство РТСофт, 2011: 129.

[2] Uhl M. Stalins V-2: Der Technologietransfer der deutschen Fernlenkwaffentechnik in die UdSSR und der Aufbau der sowjetischen Raketenindustrie 1945 bis 1959 [M]. Bonn: Bernard & Graefe-Verlag, 2001: 173.

从模仿到创新
——苏联液体弹道火箭技术的发展（1944—1951）

工艺，为了与这种材料配套，一些相关的继电器只好继续使用德国产品。电子管的生产也遇到类似问题，6AS-7型电子管无法制造。虽然通信器材部掌握了必要的生产工艺，但达不到所需的质量标准，做出的电子构件极易产生振动，在试验中反复失败，最终只好使用现成的德国电子管。通信器材部还负责氧化铜整流器的制造，但因冶金部无法提供生产所需的特殊金属，整流器的仿制工作几乎没有启动①。这些工艺的掌握并非易事，苏联直到第二批R-1还无法配备本国仿制的电子元器件。另外，火箭中还有8处所需的耐寒橡胶工业制品，以及液氧波纹软管，因无法掌握制造工艺，而继续采用德国产品。

值得注意的是，由于石墨材料获得便利，燃气舵的生产比战时德国人顺利得多。88科研所的青年专家普鲁德尼科夫（И.С. Прудников）负责石墨舵的仿制。生产工作交由古基诺夫市（Кудинов）②一个名为"石墨电极"（Электроуголь）的公司完成，电池组碳电极专家菲阿尔科夫（Фиалков）负责组织。他们成功仿制出石墨燃气舵，但由于88科研所缺少相应的试验台进行检验和修整，它的可靠性并不高。

工厂的组织管理、人员素质与技术技艺，也是R-1生产中遇到的一个难题。最初的生产常处在脏乱的环境中，车间主任、技师和工人的职责并不明晰。最为困难的是，教会工人熟练掌握火箭生产技术。发动机的仿制因缺乏接受过专门训练的技工，进展缓慢。直到1947年10月，造出的模型只能生产出不到一半的必要零件，燃烧室的44个组件中只有22个完成了仿制，已完成的部分主要是一些易于制造的，复杂、技术含量高的零部件几乎没有生

---

① Из постановления Совета Министров СССР № 647-254 Об изготовлении из отечественных материалов ракет дальнего действия Р-1 первого варианта（типа Фау-2）и итогах проведения заводских летных испытаний［A］. Ивкин В И, Сухина Г А. Задача особой государственной важности. Из история создания ракетно-ядерного оружия и Ракетных войск стратегического назначения（1945—1959 гг）. Москва: РОССПЭН, 2010: 176.

② 位于莫斯科东北部，地属雅罗斯拉夫尔州（Ярославская область）罗斯托夫（Ростов）区域。

第四章 V-2 的苏联化与苏联本国弹道火箭的研制（1947—1951）

产出来①。这种问题也普遍存在于火箭仿制的其他部门。梁赞斯基和皮柳金就曾抱怨：科罗廖夫需要把炮兵改造成火箭技术人员，格鲁什科要培养航空兵热爱液体火箭发动机，而自己则要用电话机手柄的控制技术作为主要零件为他们提供保障。②

由于替换国产材料的困难、探索制造工艺的艰难，以及生产缓慢，造成 R-1 制造进度一再被拖延。负责火箭整体装配和飞行测试的 88 科研所，先是在规定时间内得不到其他部委仿制的产品，只好将飞行测试推迟 2 个月，之后又因控制仪器和发动机装置个别零件和部件的质量不合格导致工作严重推迟③。然而，R-1 被苏联政府寄予厚望，到 1948 年夏天工程已经不能再拖延了。尽管专家们意识到组装的火箭在质量上存有许多问题，也不得不立即开始测试工作。

2. 首批 R-1 的试验发射

1948 年 9—11 月，苏联人在卡普斯京亚尔试验场开始首批 R-1 的飞行测试。这一次，已经没有德国火箭专家参与试验。

此次试验发射的任务，主要是检验火箭的整体设计，发现并消除现有的不足，取得一系列火箭实际数据。试验计划得到了乌斯季诺夫的支持和总军械部的认可。根据惯例，组建了保障试验工作的国家委员会。委员会由韦托什金担任主席，索科洛夫将军任副主席，其成员有沃兹纽克、戈诺尔、科罗廖夫、特列季亚科夫（В.Н. Третьяков）、弗拉基米尔斯基（С.М.

---

① Uhl M. Stalins V-2: Der Technologietransfer der deutschen Fernlenkwaffentechnik in die UdSSR und der Aufbau der sowjetischen Raketenindustrie 1945 bis 1959 [M]. Bonn: Bernard & Graefe-Verlag, 2001: 173.

② 在火箭研制机构中，梁赞斯基和皮柳金所在的 885 科研所负责控制设备的研制。这个科研所在二战中专门从事野战感应器电话机和远距离遥控电动机的生产。由于野战感应器电话机在呼叫时需要转动手柄，因此在火箭控制系统研制中他们才这样自嘲。见 Черток Б Е. Ракеты и люди.Подлипки-Капустин Яр-Тюратам [M]. Москва: Издательство РТСофт, 2011. 27.

③ Докладная записка Л.Р. Гонора и И.И. Уткина И.В. Сталину о проблемах с созданием ракетной техники [A]. Ивкин В И, Сухина Г А. Задача особой государственной важности. Из истории создания ракетно-ядерного оружия и Ракетных войск стратегического назначения (1945—1959гг). Москва: РОССПЭН, 2010: 174.（戈诺尔和乌特金致斯大林关于火箭技术建立问题的报告）

从模仿到创新
——苏联液体弹道火箭技术的发展（1944—1951）

Владимирский）和穆拉维约夫（Г.И. Муравьев）。发射试验的技术领导由两部分专家构成：一部分为火箭总设计师，包括科罗廖夫、格鲁什科、巴尔明、梁赞斯基、B. 库兹涅佐夫、皮柳金、利合尼茨基（М.И. Лихницкий）和杰格佳连科；另一部分为弹道学家，这些专家曾在诺德豪森研究所一起工作，从事弹道方面的计算，主要有莫若林、拉夫罗夫（С.С. Лавров）和阿帕佐夫（Р.Ф. Аппазов）等。

由于卡普斯京亚尔试验场的建设尚未完成，R-1 的试验发射是在很艰苦的条件下进行的（图 4-15）。试验场建有 3 个摄影经纬仪站，控制发射的混凝土掩体，发射点附近还建有一个小屋，作为科学院物理研究所的基地，物理学家们在此研究宇宙射线强度。谢尔巴科娃（Н.П. Щербакова）和 4 科研所无线电工程师莱温（Г.И. Левин）领导无线电监测站的工作，这里的具体操作由军人完成，但监测的工作协同、计划研究和结果分析都由 88 科研所控制部的无线电工程师负责。为深入分析得到的遥测信息，试验还配备了专门车

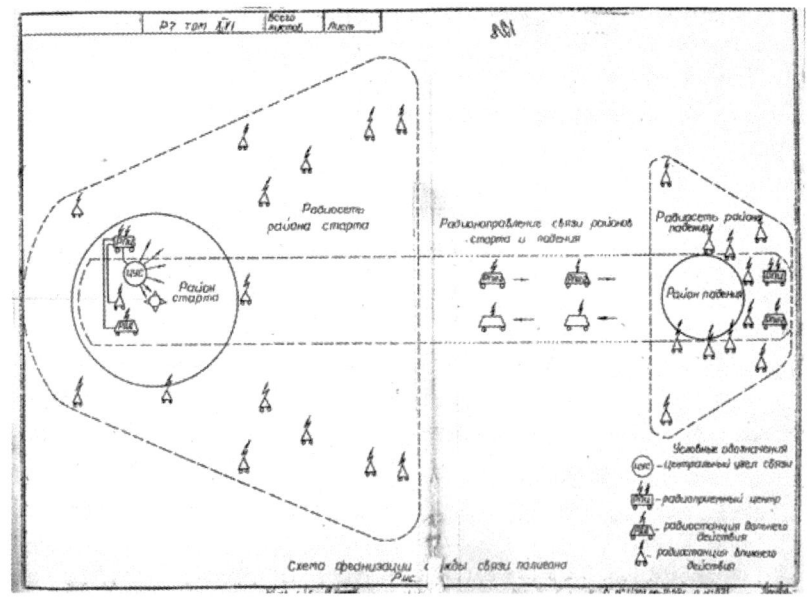

图 4-15　发射场通信勤务组织布局图[①]

---

① Схема организации службы связи полигона［A］. РГАНТД. Ф.33 оп.3 д.6 л 128. http://vystavki.rgantd.ru/ korolev/pics/012_027.jpg.

第四章 V-2 的苏联化与苏联本国弹道火箭的研制（1947—1951）

厢进行测量勤务，这项工作由大学刚毕业的青年专家承担。发射队由特别使命队的士兵和军官组成，仍使用德国的发射台进行发射。由于试验场还没来得及建好宾馆，在德国制造的"火箭专列"起了很大作用，参与试验的专家们都住在卧铺车厢里。发射台离技术工位比较远，还没来得及铺设混凝土道路，只能在草地上运送火箭。在这样艰苦的环境下，发射场流传着一首形象的歌曲《灰里来，雾里去》（Пыль да туман）。

首批 R-1 的飞行试验于 1948 年 9 月 11 日开始，共准备了 12 枚测试火箭，其中 10 枚安装了本国仿制的"布拉津利奥尼特"遥测系统。测试过程中，有 2 枚火箭因技术问题被送回 88 工厂检修。还有 1 枚火箭用于做试验台点火试验，试验结果并不理想，发动机推力未达到设计的 27 t，实际最大推力为 26.75 t，另外发动机启动延迟了 0.8 s[①]。最终，实际有 9 枚火箭进行了试验发射。

火箭飞行试验开始很不顺利。第 1 枚火箭发射了三次才飞离发射台。前 2 次发射都因点火后发动机出现爆音，而后电路复位导致火箭无法发射。第 3 次发射时，手动操作防止电路复位，强制启动发动机，结果不仅是火箭飞出不远后坠地，重型发射台也被抛到距发射场超过 20 m 处。第 2 枚火箭在电路一切正常的情况下，发动机依然无法启动，后经检查是氧气阀门冻住了，造成燃油凝固在波纹管中。于是，只好将所有氧气阀门从火箭上卸下来，送去工厂做脱脂处理。

在后续火箭试验中，发动机爆音继而电路复位出现多达 21 次，这种现象对苏联专家来说完全是陌生的[②]。为深入研究这个问题，火箭主要设计师和著名专家在火箭专列的会议厅车厢里，召开国家委员会会议讨论这一问题。经

---

① Краткая справка-доклад заместителя начальника ГАУ ВС генерал-майора инженерно-артиллерийской службы Соколова о результатах испытаний на ГЦП МВС ракет Р-1 №№ 7, 4, 3 и 8 по предварительным данным технического руководства испытаниями [A]. Ивкин В И, Сухина Г А. Задача особой государстве-нной важности. Из история создания ракетно-ядерного оружия и Ракетных войск стратегического назначения (1945—1959 гг). Москва: РОССПЭН, 2010: 166.（武装力量炮兵总部副部长索科洛夫少将，关于第 7、4、3、8 号 P-1 火箭依照既定试验技术资料在国家中央试验场试验结果的简要情况报告）

② Uhl M. Stalins V-2: Der Technologietransfer der deutschen Fernlenkwaffentechnik in die UdSSR und der Aufbau der sowjetischen Raketenindustrie 1945 bis 1959 [M]. Bonn: Bernard & Graefe-Verlag, 2001: 175.

从模仿到创新
——苏联液体弹道火箭技术的发展（1944—1951）

检查，专家们认为主要原因是火箭零部件生产质量低下，RD-100 发动机有许多制造上的缺陷，如错误的焊缝、密封泄露和螺丝松动等，并且在火箭整体组装前发动机也没有得到充分测试；控制系统结构和质量的可靠性也不够。切尔托克与博古斯拉夫斯基等人一起，对地面电缆与火箭底座插头接触点进行示波检测，证实接触不良是造成电路复位的主要原因。为此，总设计师戈尔茨曼（А.М. Гольцман）设计了一种弹簧，增强了接触点的可靠性。

R-1 的试验发射（图 4-16 和图 4-17）证实，其飞行特点符合既定的技术要求，实际发射的 9 枚火箭中有 8 枚到达了目标区域，只有第 1 枚火箭因故障坠落。与德国 V-2 相比，苏联火箭工程师成功地提高了 R-1 的飞行可靠性，但火箭的精准度还是很低。这次试验中火箭的精准度不在于横向偏差，而在于有没有落到半径 10 km 的目标圈。从试验结果来看，只有 1 枚火箭（12 号火箭）落到了目标圈内，其他火箭都发生了 13~28 km 的射程偏差，其中 2 号火箭甚至偏离了 61 km。此次试验发射的具体结果如下表（表 4-1）：

图 4-16　R-1 火箭在发射工位（1948 年）[1]

---

[1] Установка ракета Р-1 на стартовой позиции［A］. 1948г. РГАНТД. Ф.35 оп. 3 д. 35. http://vystavki.rgantd.ru/ korolev/pics/012_009.jpg.

第四章　V-2 的苏联化与苏联本国弹道火箭的研制（1947—1951）

图 4-17　液氧运抵发射场（1948 年）[1]

---

[1] Доставка жидкого кислорода на стартовую позицию [A]. 1948г. РГАНТД. Ф.35 оп. 3 д. 42. http://vystavki.rgantd.ru/korolev/pics/012_002.jpg.

从模仿到创新
——苏联液体弹道火箭技术的发展（1944—1951）

表4-1　　　　　　　　　　1948年首批R-1火箭试验发射结果[①]

发射序号	发射时间	火箭编号	射程/km	射程偏差/km	横向偏差/km	发射结果
1	9月17日	4	270	-258.2	+9.1	事故
2	10月10日	1	270	+17.9	-4.3	正常
3	10月13日	9	270	-27.9	-5.1	正常
4	10月21日	6	270	-13.0	-2.5	正常
5	10月23日	10	270	-15.3	-0.5	正常
6	11月1日	3	270	+14.0	-1.3	正常
7	11月3日	12	270	+1.4	-2.3	正常
8	11月4日	2	270	-61.5	-0.15	正常
9	11月5日	11	270	-16.7	-1.5	正常

三、R-1火箭后续批次的改进性研究

1. 第二批R-1火箭的研制

苏联军方对首批R-1火箭的飞行试验结果有些失望。火箭发射表现出的高失败率和低精准度，显然与他们的高度期待严重不符。军方对整个火箭系统的安全性和战术性能表示怀疑，并马上拒绝给部队配备这样可靠性低的武器装备。在R-1试验结束的宴会上，一位军方将军向皮柳金和В.库兹涅佐夫表达了自己对火箭技术的质疑。切尔托克回忆这位将军当时的质问：

[①] Ивкин В И, Сухина Г А. Задача особой государственной важности. Из истории создания ракетно-ядерного оружия и Ракетных войск стратегического назначения（1945—1959 гг）[M]. Москва: РОССПЭН, 2010: 999-1000.

第四章 V-2的苏联化与苏联本国弹道火箭的研制(1947—1951)

你们在做什么呢？你们把4吨多的酒精灌到火箭里。如果这些酒精给我们师的话，能攻占任何一座城市。而你们的火箭甚至都打不到这个城市里。谁还需要它呢？……德国人研制并发射了数以千计的火箭。有谁感觉到了？我在柏林曾遇到一些英国人和美国人，他们很直接地说，他们没有因为火箭受到特殊的损害，只是有些无形的压力。对于德国人拥有那种秘密武器，军队整体上没有什么概念。如果德国人在前线投入的不是火箭，而是数以千计的坦克或是飞机呢？我们还会有那样的感觉吗！①

在火箭武器计划的实施中，作为订货商的国防部投入了不少资金，对研制工作有着重要影响。火箭设计师们意识到必须要对 R–1 做出重大的改进，恢复火箭的名誉，以保障军方的支持。乌斯季诺夫、韦托什金、一些工业部委的部长，以及国家计委和喷气技术特别委员会的领导们表示，坚持推动火箭武器方面的研究。于是，负责火箭试验工作的国家委员会做出决定，要求努力提高 R–1 的可靠性和安全性，改善所有组合件和各系统的使用性能。为了使必要的工作不受到截止日期的压力，喷气技术特别委员会将原定于 1948 年 12 月进行的第二批 R–1 火箭飞行试验，推迟至 1949 年夏末。

第二批 R–1 火箭在很大程度上已经不再是对 V-2 技术的精确复制，为提高可靠性做了许多卓有成效的改进。科罗廖夫提出改进工作重在两个方面，一是提高工厂工艺，二是加强技术研制。他进一步明确，负责控制设备的 885 科研所和负责发动机生产的 456 试验设计局，是提高火箭可靠性的主要责任单位；88 科研所的主要任务是引导工厂生产秩序和文化建设、提高舵机可靠性，并对 885 科研所和 456 试验设计局的工作进行检查（图 4-18）。

---

① Черток Б Е. Ракеты и люди. Подлипки-Капустин Яр-Тюратам [M]. Москва: Издательство РТСофт, 2011: 140.

从模仿到创新
——苏联液体弹道火箭技术的发展（1944—1951）

图 4-18　R-1 火箭尾舱正在静态测试[1]

于是，参与 R-1 火箭生产的工厂进行积极改造，引进新的技术工艺。88 科研所加强对工厂车间的管理，并与拉沃奇金[2]建立联系，派出 50 多名工艺师和技工去航空工厂接受技术培训。拉沃奇金的工厂建立了专门的生产 - 试

---

[1] Хвостовой отсек ракеты на статических испытаниях. https://topwar.ru/149231-ballisticheskaja-raketa-dalnego-dejstvija-r-1.html?ysclid=lp9u89l8ts837588849.

[2] 拉沃奇金（С.А. Лавочкин, 1900—1960）：苏联著名航空设计师，苏联科学院通讯院士。主要研究歼击机，是著名的拉 -5（Ла-5）、拉 -7（Ла-7）等飞机的研制者。

第四章　V-2 的苏联化与苏联本国弹道火箭的研制（1947—1951）

验车间，技师们在这里学习并研究铝合金的弯曲、冲压和焊接工艺。其他火箭生产工厂深入研究铆接、焊接等技术，掌握了有色铸件的生产工艺；优化了舵机的密封工艺；完善了电动试验的方法和工艺。

技术研制上有几个方面的改进。这期间一项重要的技术成就是——885科研所博古斯拉夫斯基领导的团队基于新原理，研制出"盾"（Дон）遥测系统。这个系统增加了火箭的测量因子数量，研制了新的传感器和整个遥测系统的电路，更容易找到错误源并获得有关火箭飞行特征的新数据。与之配套的，建立了配有电子监视器的"盾"系统地面接收站，可以对火箭情况进行同步观测。在格鲁什科的领导下，456 工厂积极寻找发动机"燃爆"的原因，但没能找到根源，于是对现有的点火体系进行补充修复；还成功地提高了发动机的生产质量。地面起动设备的整个电缆网络得到更新，火箭尾部也完成加固。总体而言，参与 R-1 火箭制造的各个机构都做了许多技术改进来提高火箭的可靠性和准确性。

2. 发射与装备部队

1949 年 8 月改进版的 R-1 完成研制，准备开始飞行试验。这次试验，卡普斯京亚尔试验场的条件已经大为改善，配备了条件良好的火箭安装和测试厂房，全部道路都铺设了混凝土路面，专家们的生活环境也得到提高。

第二批 R-1 火箭的试验发射于 1949 年 9—10 月进行。这次试验共测试 21 枚火箭，其中 1 枚用于试验台试车。所有火箭都装配了新研制出的"盾"遥测系统，以替换之前的 V-2 遥测系统仿制品"布拉津利奥尼特"系统。火箭运抵试验场前，在 88 科研所第 39 组装车间进行水平测试。在发射升空的 20 枚火箭中，有 16 枚落入战术技术要求规定的 16 km×8 km 的目标区域（表 4-2）。4 枚发射失败的火箭中有 2 枚没有抵达目标区，其中 1 枚火箭由于爆音，积分器过早解除制动，造成一系列的计算错误；另 1 枚火箭积分器调整出现错误。还有 2 枚火箭在发射区出现故障，主要是由于强烈的爆音，燃料管线密封性变差，压力阀门漏油，最终在加注燃料时液氧箱爆炸。但这次试验中，因电路复位造成发动机无法启动的情况一次也没有出现。

从模仿到创新
——苏联液体弹道火箭技术的发展（1944—1951）

表4-2　　　　　　　　　　1949年第二批R-1火箭试验发射情况[①]

发射序号	发射时间（月日）	火箭编号	射程/km	射程偏差/km	横向偏差/km	发射结果
1	9月10日	1	270	+1.36	+6.89	事故
2	9月11日	2	270	+7.89	-6.75	正常
3	9月13日	11	270	-0.35	-4.93	正常
4	9月14日	4	270	-1.62	-7.02	正常
5	9月17日	8	270	-13.9	+1.17	正常
6	9月19日	5	270	-2.57	+1.07	正常
7	9月20日	9	270	—	—	事故
8	9月23日	15	270	—	—	事故
9	9月28日	10	270	+1.11	+4.97	正常
10	10月3日	14	270	-3.12	+3.06	正常
11	10月8日	16	270	+1.13	+2.87	正常
12	10月10日	12	270	-0.42	+0.5	正常
13	10月12日	7	270	-1.16	+5.42	正常
14	10月13日	17	270	+2.67	+5.15	正常
15	10月13日	13	270	+0.04	+1.05	正常
16	10月14日	18	270	—	—	事故
17	10月15日	19	270	+4.67	+0.04	正常
18	10月18日	23	155.5	+3.28	+2.28	正常
19	10月19日	22	270	-36.5	+13.3	正常
20	10月22日	20	270	-2.87	-3.14	正常
21	10月23日	3	270	-3.19	-3.18	正常

①　Ивкин В И, Сухина Г А. Задача особой государственной важности. Из истории создания ракетно-ядерного оружия и Ракетных войск стратегического назначения（1945—1959 гг）[M]. Москва: РОССПЭН, 2010: 999-1000.

第四章 V-2 的苏联化与苏联本国弹道火箭的研制（1947—1951）

试验结果证实，R-1 火箭完成了某些技术突破，具有了与 V-2 类似的数据，并达到了比德国火箭更高的可靠性[①]。以科罗廖夫为首的总设计师团队基本上实现了研制 R-1 的既定目标，尤其是"盾"遥测系统在此次试验中得到了良好效果和赞誉，由此它开始应用于苏联后续研制的各种火箭武器，直到第一枚洲际弹道火箭中出现了更为先进的系统才被替代。于是，在国家计委的支持下，苏联火箭制造商和总设计师们主张将 R-1 纳入苏联武装力量的技术装备中。

但火箭在飞行试验中暴露的问题，引起各方关注，对于是否将 R-1 批量生产并装备部队，苏联政府的部委和军方有很大分歧。军方 R-1 火箭军事验收委员会负责人穆雷金工程师上校认为，火箭的不足之处仍很严重，如果不加以完善，这些问题很可能会在部队实际应用中出现，因此批量生产还为时过早，也不建议装备部队。R-1 火箭试验国家委员会委员、军方负责人沃兹钮克将军也持同样的观点。科罗廖夫对这样的态度很不满。他坚持立即开始 R-1 量产，在生产过程中解决火箭现存的问题。实际上，对科罗廖夫和参与研制的工业部委来说，R-1 装备部队至关重要。如果 R-1 被拒绝批量生产，将是对火箭武器制造领域的一个沉重打击，火箭技术的研究、开发和生产能力的扩充将会受到持续的阻碍[②]。

由于说服军方比较困难，总设计师和工业部委不得不听从军方的要求。设计师们在 88 科研所第 2 分所进行多次地面试车，完成 400 多处修改后，军方领导层最终同意批量化生产[③]。1950 年 11 月 25 日，部长会议出台了 R-1 火箭带有附加条件服役的决议（装备数据见表 4-3），要求组织后续飞行试验，

---

① Uhl M. Stalins V-2: Der Technologietransfer der deutschen Fernlenkwaffentechnik in die UdSSR und der Aufbau der sowjetischen Raketenindustrie 1945 bis 1959 [M]. Bonn: Bernard & Graefe-Verlag, 2001: 176.

② Uhl M. Stalins V-2: Der Technologietransfer der deutschen Fernlenkwaffentechnik in die UdSSR und der Aufbau der sowjetischen Raketenindustrie 1945 bis 1959 [M]. Bonn: Bernard & Graefe-Verlag, 2001: 176.

③ Uhl M. Stalins V-2: Der Technologietransfer der deutschen Fernlenkwaffentechnik in die UdSSR und der Aufbau der sowjetischen Raketenindustrie 1945 bis 1959 [M]. Bonn: Bernard & Graefe-Verlag, 2001: 177.

从模仿到创新
——苏联液体弹道火箭技术的发展（1944—1951）

以证实火箭的全部缺陷已经被克服。决议还要求装备部于1950—1951年为军事部门生产并提供首批65枚火箭，并落实了对R-1整个科研工作的奖励金额①。根据1948年4月14日部长会议决议规定的火箭武器科研工作奖励条件，1948年8月将原定1 203.4万卢布的奖励缩减50%，即向各火箭研制部委实际发放601.7万卢布奖金②。

表4-3　　　　　　　　　R-1火箭各项数据表③

性能指标		单位	数据
火箭全长		m	14.27
火箭直径		m	1.65
未填充燃料的火箭重量		kg	4 030
填充燃料后火箭重量		kg	13 430
燃料重量	酒精	kg	4 130
	液氧	kg	5 070
爆炸物重量		kg	790

---

① Из постановления Совета Министров СССР № 4730-2047 О результатах испытаний и принятии на вооружение ракеты Р-1［А］. Ивкин В И, Сухина Г А. Задача особой государственной важности. Из история создания ракетно-ядерного оружия и Ракетных войск стратегического назначения（1945—1959 гг）. Москва: РОССПЭН, 2010: 201.（苏联部长会议 № 4730-2047 决议《关于Р-1火箭试验结果及装备武器情况》）

② Из постановления Совета Министров СССР № 4730-2047 О результатах испытаний и принятии на вооружение ракеты Р-1［А］. Ивкин В И, Сухина Г А. Задача особой государственной важности. Из история создания ракетно-ядерного оружия и Ракетных войск стратегического назначения（1945—1959 гг）. Москва: РОССПЭН, 2010: 205.

③ Из постановления Совета Министров СССР № 4730-2047 О результатах испытаний и принятии на вооружение ракеты Р-1［А］. Ивкин В И, Сухина Г А. Задача особой государственной важности. Из история создания ракетно-ядерного оружия и Ракетных войск стратегического назначения（1945—1959 гг）［С］. Москва: РОССПЭН, 2010: 201. Доклад М.И.Неделина Г.К.Жукову о развитии ракетного вооружения во время показа техники на Государственном центральном полигоне［А］. Ивкин В И, Сухина Г А. Задача особой государственной важности. Из история создания ракетно-ядерного оружия и Ракетных войск стратегического назначения（1945—1959 гг）. Москва: РОССПЭН, 2010: 358-359.（国家中央试验场技术展示时，涅杰林向茹科夫所做的关于火箭武器发展的报告）

第四章　V-2 的苏联化与苏联本国弹道火箭的研制（1947—1951）

（续表）

性能指标		单位	数据
燃烧室	推力	kg	27 200
	温度	℃	2 430
涡轮泵主机功率		hp	540
最大射程		km	270
最大射程所需飞行时间		min	5
最大飞行高度		km	80
最大速度		m/s	1 500
弹头落点最大偏差	射程偏差	km	±8
	横向偏差	km	±4

为开展量产工作，位于第聂伯罗彼得罗夫斯克市（Днепропетровск）[①]的汽车拖拉机工厂被划归装备部，命名为 586 工厂（Завод 586），负责火箭的组装，以及发动机、舵机和所有气动液压配件的生产。乌斯季诺夫亲自领导工厂工作，委任斯米尔诺夫（Л.В. Смирнов）为厂长，负责具体事务，来自各研究所、设计局和其他工厂的专家队伍长期在这里指导生产。1951 年 6 月，部长会议通过关于 R-1 火箭量产工作组织的决议。根据决议要求，586 工厂将于 1954 年完成全部建设，实现年产 2 500 枚 R-1 火箭的生产能力[②]。为此部长会议从储备基金中向装备部拨款 1.355 亿卢布，包括 586 工厂建设与安装费用 4 500 万卢布，工厂设备、仪器和器材采购 5 200 万卢布（其中进口设备和仪器 1 000 万卢布），以及火箭生产组织 3 850 万卢布，此外还划

---

① 位于第聂伯河畔，是乌克兰第三大城市，也是第聂伯罗彼得罗夫斯克州的首府。

② Из постановления Совета Министров СССР № 1852-885 Об организации серийного производства ракет Р-1 [А]. Ивкин В И, Сухина Г А. Задача особой государственной важности. Из истории создания ракетно-ядерного оружия и Ракетных войск стратегического назначения（1945—1959 гг）. Москва: РОССПЭН, 2010: 241-242.（苏联部长会议 № 1852-885 决议《关于 Р-1 火箭批量生产的组织》）

从模仿到创新
——苏联液体弹道火箭技术的发展（1944—1951）

拨 1 000 套金属切割设备①。后来据苏联官方统计，一枚 R-1 火箭量产的成本约 63.2 万卢布②。

1951 年 1 月 29 日至 2 月 2 日，第三批 R-1 火箭在卡普斯京亚尔发射场进行飞行试验。这次试验共发射 5 枚火箭，除对火箭整体的检验外，还对其在零下 26°环境中的性能进行测试。同年 6 月，第四批 R-1 火箭又开展飞行试验，共发射 11 枚火箭。这次试验被称为检验性试验，用以检测第聂伯罗彼得罗夫斯克工厂批量生产的工艺。这两批火箭全部到达了既定目标，落入 16 km×8 km 矩形区域内，自主控制系统的最大偏差不超过 5.5 km。

尽管 R-1 进行了多次改进，但一个技术难题始终没有解决，这也是德国 V-2 的缺陷之一，即火箭在下落轨迹中，进入稠密大气层时发生损毁。更准确地说，就是苏联专家始终无法找到弹头装有炸药的 R-1 火箭在空中爆炸的原因，这曾是困扰战时德国专家的问题之一。苏联发射的 R-1，每 10 枚火箭中有 1~2 枚火箭会出现这样的问题③。直到 1954 年研制出带有核弹头的火箭时，才最终解决了这一问题。火箭空中爆炸的原因是由于炸药受热，引起弹头密封舱压力增加，当弹壳无法承受过大的压力时，引信被启动发生爆炸。

苏联成功仿制德国 V-2，实现本国 R-1 的生产，是其在全新技术领域的首次突破，具有十分重要的历史意义。它不仅意味着苏联首枚弹道火箭的诞生，同时表明苏联有继承和吸收德国火箭技术的能力。为恢复、仿制并改进 V-2，苏联在本国领土上发射的 V-2 和 R-1 火箭数量超过 200 枚，创下了本

---

① Из постановления Совета Министров СССР № 1852-885 Об организации серийного производства ракет Р-1［A］. Ивкин В И, Сухина Г А. Задача особой государственной важности. Из история создания ракетно-ядерного оружия и Ракетных войск стратегического назначения（1945—1959 гг）. Москва: РОССПЭН, 2010: 242-243.

② Из докладной записки В.Малышева и других об организации серийного производства ракет Р-5 и Р-11［A］. Ивкин В И, Сухина Г А. Задача особой государственной важности. Из история создания ракетно-ядерного оружия и Ракетных войск стратегического назначения（1945—1959 гг）. Москва: РОССПЭН, 2010: 355.（马雷舍夫等关于组织 Р-5 和 Р-11 火箭批量生产的报告）

③ Черток Б Е. Ракеты и люди. Подлипки-Капустин Яр-Тюратам［M］. Москва: Издательство РТСофт, 2011:157.

第四章 V-2 的苏联化与苏联本国弹道火箭的研制（1947—1951）

国研制一个型号的火箭并多次进行发射试验的一项历史记录①。这样一个集成众多学科和繁杂工艺的大型工程，为锻炼本国人才队伍、形成自己的研究与生产能力提供了珍贵的理论和实践经验。R-1 的成功说明苏联到 1950 年初基本上达到了德国火箭技术的水平，甚至从这时开始改进德国火箭的性能，从而有所创新。虽然在 1950 年代引入 R-1 武器系统已经过时，无法满足军事技术的最新要求，但它推动了苏联政府建设第一支火箭部队，并对新型武器做出战术和战略计划。

第三节　苏联 R-2 火箭的研制与发射

R-2 火箭（俄文为 P-2，代码 8Ж38，北约代码 SS-2）是苏联对德国 V-2 火箭的改进版本，也是苏联第一次自主设计、研制的火箭。它的总设计师团队与 R-1 相同，整个研制过程中有不同部委和机关的 24 个科研所和设计局、90 家工厂参与研制②。

一、R-2 火箭研制方案的选择

R-2 火箭研究始于德国诺德豪森研究所的工作。1946 年 8 月，苏联政府要求专家们评估通过改进 V-2 使其射程提高到 600 km 的可能性。事实上，在政府下达任务前，诺德豪森研究所的专家们根据技术发展的逻辑以及自己的职业好奇心已经开展了一些致力于改进 V-2 的专题研究。正式得到这个任务后，科罗廖夫与秋林、米申、拉夫罗夫、布德尼克带领火箭设计部和控制部的苏德专家们，着力推进这方面的研究。

回到苏联后，苏德专家被分在 88 科研所下属的两个独立机构中，大约在

---

① Черток Б Е. Ракеты и люди. Подлипки-Капустин Яр-Тюратам [M]. Москва: Издательство РТСофт, 2011: 157.

② Симонов Н С. Военно-промышленный комплекс СССР в 1920—1950-е годы [M]. М.: РОССПЭН, 1996: 139-140.

从模仿到创新
—— 苏联液体弹道火箭技术的发展（1944—1951）

1947年5月，受研究所委托各自进行射程为600 km的火箭方案研究。苏联方面的工作由88科研所第3部主导，德国专家则在位于戈罗多姆利亚岛的88科研所第1分所开展工作。整体上，苏德专家的工作由88科研所总工程师波别多诺斯采夫领导，并最终在88科研所科学技术委员会上讨论通过。但在苏联火箭武器研究高度保密的情况下，德国人的工作是完全独立的，他们无法获知苏联人的研究情况；而苏联人则可以将德国人的工作与自己的研究做比较[1]。

这样，出现了两个射程为600 km的火箭设计方案：一个是由科罗廖夫领导的苏联团队做出的，他是该火箭研制的总设计师；另一个出自格勒特鲁普带领的德国团队，他被任命为德国人火箭方案的总设计师。

科罗廖夫领导设计的火箭于1948年4月被命名为R-2。苏联人最初形成两种设计方案：一种是以现有设计和经验为基础，考虑火箭研制的现实可能性；另一种是在全新的原理上研制火箭，这需要进行大量试验。由于V-2国产化、600 km和3 000 km火箭的研制几乎在同一时期，考虑到火箭生产的工艺连续性以及经费问题，科罗廖夫决定在600 km火箭中尽可能多地利用V-2和R-1中的成熟技术。如在火箭外形设计上，新火箭直径不应超过V-2直径的大小；发动机的制造是新火箭研制的重点，确定在R-1所应用的RD-100发动机基础上，进行改进。后来的统计数据也表明，R-2生产中90%的零件来自V-2的仿制品，只有10%是新研发的[2]。

格勒特鲁普领导设计的火箭代号为G-1（即Г-1，后被列入苏联火箭型号序列中，称为R-10）。与科罗廖夫几乎同时负责三项工作不同（即V-2试验发射、R-1再生产，以及600 km火箭设计），德国人的工作则相对集中，1947年他们率先向88科研所科学技术委员会提交了G-1设计方案[3]。该设计

---

[1] Siddiqi A A. Germans in Russia: Cold War, Technology Transfer, and National Identity [J]. History of Science Society, 2009 (24): 120-143.

[2] Uhl M. Stalins V-2: Der Technologietransfer der deutschen Fernlenkwaffentechnik in die UdSSR und der Aufbau der sowjetischen Raketenindustrie 1945 bis 1959 [M]. Bonn: Bernard & Graefe-Verlag, 2001: 177.

[3] Черток Б Е. Ракеты и люди. Подлипки-Капустин Яр-Тюратам [M]. Москва: Издательство РТСофт, 2011: 56.

第四章　V-2 的苏联化与苏联本国弹道火箭的研制（1947—1951）

方案保留了 V-2 的外形尺寸，但包括了一系列重要的、几乎全新的火箭独立部件设计，控制系统与发动机装置也大幅简化。格勒特鲁普还向科学技术委员会提出自己对后续工作的设想，他建议将苏德专家的两种设计方案并行发展，各自独立完善，直到生产出样品进行发射试验。

在苏德专家的不同设计方案中，有两个突出的共同点，这也是新火箭设计中原则性的改变，但这些技术究竟是科罗廖夫还是格勒特鲁普先提出的至今仍有争议[1]。一个新设计是，火箭弹头分离，即到达目标点的不再是整个火箭，而是火箭的弹头。为了达到更远的射程，需要通过消耗燃料、抛弃箭体不断减轻火箭净重。分离的火箭弹头是现代远程火箭最重要的特征之一。另一个变化是，简化并改善火箭结构设计，将酒精和液氧两个燃料箱作为火箭结构的承力部分。这使得发动机的研制在两个设计方案里都是重中之重。新火箭的两大设计改变，带来一系列关于火箭稳定性、弹道轨迹、发动机性能等方面的计算和试验。

火箭武器的研制作为一项国家战略工程，它的发展与国家安全密切相关，对其设计方案的抉择，政治上的考虑往往大于技术上的选择。另外一个现实情况是，苏联军方并没有足够的资金支持两个设计方案的实施。于是，在得到两个火箭设计方案后，下一步的工作该如何继续，如何处置德国人的 G-1 方案，苏联方面有很多讨论。

在一些私人聚会上，火箭领域的设计师或组织者们表达了自己的看法[2]。切尔托克认为，如果让科罗廖夫在格勒特鲁普领导下工作，那根本不可能；如果由科罗廖夫领导格勒特鲁普，也不现实，科罗廖夫马上就会说"为什么？我们自己能行"。据他了解的梁赞斯基和皮柳金等人，也都希望自己能成为某个技术系统的创造者。因此，切尔托克表示应该在进一步的工作

---

[1] Черток Б Е. Ракеты и люди. Подлипки-Капустин Яр-Тюратам [M]. Москва: Издательство РТСофт, 2011: 55.

[2] Черток Б Е. Ракеты и люди. Подлипки-Капустин Яр-Тюратам [M]. Москва: Издательство РТСофт, 2011: 63-64, 161.

从模仿到创新
——苏联液体弹道火箭技术的发展（1944—1951）

中利用德国人的经验和想法，而德国专家本身可以逐渐遣送回国。沃斯克列先斯基则分析说，科罗廖夫想成为火箭事业的掌控者，他能胜任这项任务，对他而言德国人已经完成自己的事了，不再需要了；但领导层担心科罗廖夫，他们需要一种平衡。装备部管理局局长韦托什金转述了乌斯季诺夫的看法，后者认为积极而有创造性的德国专家集体的存在，有利于促进苏联人的工作。

在这样的情况下，苏联人对 G-1 设计方案采取了拖延的做法。总体说来，就是利用德国人的技术知识为苏联的火箭工业服务[①]。1947 年，88 科研所科学技术委员会召开会议讨论 G-1 设计方案。会议由 88 科研所所长戈诺尔主持，除格勒特鲁普带领的德方设计人员外，苏方人员包括装备部火箭技术管理总局局长韦托什金、88 科研所总工程师波别多诺斯采夫、火箭专家吉洪拉沃夫、莫斯科鲍曼高等技术学校副校长尼古拉耶夫（Г.А. Николаев）、苏联科学院自动化研究所特拉佩兹尼科夫（В.А. Трапезников）和科斯莫杰米扬斯基（А.А. Космодемьянский），以及火箭总设计师梁赞斯基、皮柳金、В. 库兹涅佐夫、伊萨耶夫，副总工程师切尔托克，科罗廖夫的助手米申和布舒耶夫（К.Д. Бушуев）。科罗廖夫本人并没有参与会议。

88 科研所科学技术委员会审议 G-1 设计方案后，提出方案中一些关键部件和火箭分系统还需要进一步加强理论和试验检验，布置在下次委员会大会再听取修改方案报告。但苏联方面迟迟不给德国人使用发动机试车台、风洞和发射场等设施的机会，G-1 的试验工作也就无从起步。德国人只好努力提高火箭的纸面设计，他们将设计射程提高到 810 km，1948 年底完成修改方案后再次提交委员会审议。委员会对德国人的工作表示满意，并提出开展试验工作，但依然没有进行。德国人开始意识到自身的处境，确认自己被苏联人骗了，变得越来越绝望，士气低落。

---

① Siddiqi A A. Sputnik and the soviet space challenge [M]. Gainesville: University Press of Florida, 2003: 59.

第四章　V-2 的苏联化与苏联本国弹道火箭的研制（1947—1951）

二、R-2 的研制与试验发射

R-2 虽然在很大程度上使用的是已经成熟的 V-2 技术，但首次大规模的引入自主建设性解决方案，已远远超出了之前 R-1 所做的改动①。为了达到要求的 600 km 射程，一方面，苏联设计师提出将火箭长度延长 3.3 m，这样可以多容纳 70% 的燃油，保障需要的飞行距离；另一方面，致力于大幅减轻火箭净重（图 4-19）。

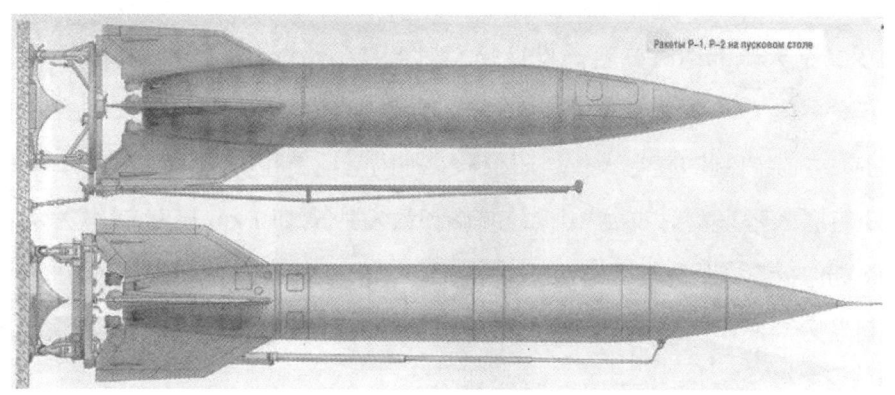

图 4-19　R-1（上）与 R-2（下）对比图②

因此，单纯对 V-2 进行仿制是远远不够的，需要对 R-2 进行全新的设计，这主要表现在以下几个方面。

第一，箭体采用可分离式头部（弹头），这是新设计的一个重要元素。根据这个方案，R-2 将以垂直方式发射，随后以 42°34′ 的角度上升，当飞行速度达到 2 170 m/s（即 7 812 km/h）时发动机关闭，头部与箭身分离并按惯性继续飞行。分离后，箭身仍跟随头部飞行，在距离目标不远处坠落，箭体内的控制仪器由内置的专门炸药爆破；而火箭头部穿越大气层后则以

---

① Uhl M. Stalins V-2: Der Technologietransfer der deutschen Fernlenkwaffentechnik in die UdSSR und der Aufbau der sowjetischen Raketenindustrie 1945 bis 1959 [M]. Bonn: Bernard & Graefe-Verlag, 2001: 177.

② Сравнение ракет Р-1（вверху）и Р-2（внизу）. http://topwar.ru/149231-ballisticheskaja-raketa-dalnego-dejstvija-r-1.html?ysclid=lp9u89l8ts837588849.

从模仿到创新
——苏联液体弹道火箭技术的发展（1944—1951）

710 m/s（即 2 556 km/h）的速度落地①。这个做法有效降低了火箭在被动飞行段再入大气层时，对箭身坚固性的要求，使得箭体可以做得更轻。这曾是 V-2 最薄弱的问题之一，战时由于德国铝制材料缺乏，冯·布劳恩被迫采用钢制外壳保护火箭②。而 R-2 结构中得以广泛应用轻质铝合金，代替 V-2 采用的钢制外壳。

为掌握火箭头部分离技术，并研究由此带来的一系列技术问题，设计师们研制出 R-1 的改型——R-1A（P-1A）实验火箭。在这枚火箭上，科罗廖夫实现了与苏联科学院院长瓦维洛夫（С.И. Вавилов）的合作，为火箭增加了高空大气的研究内容。设计师们对 R-1A 火箭进行了专门设置：火箭头部外缘安有一个裙边，保障火箭进入大气层时的静力学稳定性，头部内则装有科学院研制的高空大气科研仪器，并为其配置了降落伞。1949 年 4—5 月，苏联人垂直发射 6 枚 R-1A，其中 4 枚发射至 210 km 高度，2 枚发射至 100 km 高度。通过 R-1A，苏联人解决了所有火箭头部分离带来的新问题，测试了分离后雷达分别跟踪箭体和火箭头部的可能性，还检测了火箭飞行中的通信条件③。

第二，优化火箭结构，将酒精贮箱作为火箭的承力构件，通过对贮箱的充压保持火箭结构的稳定性。这也是一个重要的创新。这种贮箱设计被称为"硬壳式结构"。为此，设计师们需要掌握火箭外部复杂的热量过程，进而控制贮箱内部的压力，这是一个繁复的过程。原本设计方案中酒精箱和液氧箱都作为承力部分，但科罗廖夫认为实现所有改变的风险太大，承力液氧箱的设计过于复杂，所以他仍采用悬挂式。为验证这种结构设计的可靠性，科罗

---

① Доклад М.И.Неделина Г.К.Жукову о развитии ракетного вооружения во время показа техники на Государ-ственном центральном полигоне [A]. Ивкин В И, Сухина Г А. Задача особой государственной важности. Из истории создания ракетно-ядерного оружия и Ракетных войск стратегического назначения(1945—1959 гг). Москва: РОССПЭН, 2010: 360.

② Гладкий В Ф. У истоков или как создавали первую отечественную ракету Р-2 [J]. Авиация и космонавтика, 2003（9）:17-22.

③ 此外，以 R-1A 为开端，苏联人发展出 R-1B（P-1B）、R-1Ye（P-1E）、R-2A（P-2A）、R-5A（P-5A）、R-5B（P-5B）等一系列地球物理火箭，用于宇宙空间、高层大气的研究。

第四章 V-2 的苏联化与苏联本国弹道火箭的研制（1947—1951）

廖夫领导研制了 R-1 的另一个改型——R-2E（Р-2Э）实验火箭。这枚火箭与 R-2 设计尺寸相同，但装配了酒精承力贮箱。1949 年 9—10 月，R-2E 在卡普斯京亚尔发射场进行试验发射。这次试验共发射 5 枚 R-2E，有 3 枚到达目标区域，射程达到 600 km，另外 2 枚火箭偏离较大。

第三，重新配置并改善控制系统，提高火箭落点精度，在 R-2 上应用了综合性的控制系统，包括箭载自主稳定系统和地面无线电横向校正系统。这个系统是由切尔托克、皮柳金、梁赞斯基和 B. 库兹涅佐夫领导各小组合作开发的。设计师们对 R-2 控制仪器舱的位置做了调整，将其从火箭顶部移至发动机上方，使得发射前对仪表舱的检查更为便利。针对 R-2E 自动稳定装置在飞行试验中出现的动力学不稳定性，B. 库兹涅佐夫和采齐奥勒建议用陀螺稳定平台[①]替换原自主导航系统的水平陀螺仪和垂直陀螺仪，这样陀螺稳定平台与积分仪就构成一个单独的技术单元，可以达到更高的射击精度。为保证落点精度，R-2 还配备了 V-2 曾计划使用的"维多利亚-夏威夷"无线电校正系统。因这个系统易受到盟军的无线电干扰，德军最终放弃采用；苏联军方也质疑了这一问题，但科罗廖夫为首的总设计师们坚持应用该系统，因为仅靠箭载稳定系统无法保证所需的射击精度。为了使"维多利亚-夏威夷"系统适用于 R-2，设计师们对其做了少量修改，如将"夏威夷"地面发射站的偶极天线改为波道式天线，无线电波长从 6 m 缩短为 3 m，这些改变使无线电信号的对准度更为精确[②]。

第四个主要改进是，大功率发动机 RD-101（РД-101）的研制，这项工作是在格鲁什科的领导下开展的。RD-101 发动机仍采用酒精和液氧作为推进剂，由于燃料箱容积增大，共使用 6 390 kg 酒精和 9 110 kg 液氧，发动机

[①] 对于这项技术是否是苏联设计师的自主创新学术界仍有争议。因为这个陀螺稳定平台与 B. 库兹涅佐夫之前在柏林的陀螺仪公司（Kreiselgeräte GmbH）发现并演示过的陀螺稳定平台很相似。而后采齐奥勒深入研究了这一仪器，并进行过改进。对应用于 R-2 的陀螺稳定平台，他们称这并不是德国仪器的仿制品，而是研究中自己的独立成果。但德国学者 Matthias Uhl 认为，苏联的这个仪器就是德国陀螺公司生产的型号为 SG 70 的稳定平台，这个公司是在二战结束前不久由一名德国技师创立的。

[②] Uhl M. Stalins V-2: Der Technologietransfer der deutschen Fernlenkwaffentechnik in die UdSSR und der Aufbau der sowjetischen Raketenindustrie 1945 bis 1959 [M]. Bonn: Bernard & Graefe-Verlag, 2001: 178.

从模仿到创新
——苏联液体弹道火箭技术的发展（1944—1951）

推力达到 37 t，其工作时间也增至 85.6 s[①]。新发动机性能的提高主要是通过增加酒精推进剂的浓度和提升燃烧室压力实现的。RD-101 发动机中酒精推进剂的浓度从 75% 增至 95%，而燃烧室压力则达到 2.12 MPa。此外，设计师们还对发动机的某些参数做了修改，例如将液体催化剂高锰酸钾更换为固态的，提升涡轮泵组的转速等[②]。

事实上，不论在实验火箭 R-1A 和 R-2E 的制造，还是 R-2（图 4-20 和 4-21）从方案变为现实的过程中，材料供应、生产工艺、产品质量，以及工作进度等仍是困扰设计师们的严重问题。1949 年 1 月，88 科研所所长戈诺尔及党组负责人乌特金，致信斯大林请求帮助。信中，他们历数自 R-1 以来在火箭生产中，诸如冶金工业部、航空工业部 456 工厂、通信工业部 885 科研所和 20 科研所、造船工业部 10 科研所，以及电气工业部 627 科研所，一直无法保证按时为 88 科研所提供生产所需的材料、零部件和产品，而已经交付的也存在质量问题，导致飞行试验一再推迟；尤其是橡胶工业领域的企业，大多属于航空工业部，在耐寒橡胶制造方面完全没有尽到责任；指出造成这种结果的主要原因是以上各部委领导对火箭武器发展不重视，尽管经部长会议和喷气技术特别委员会多次协调，产品质量有所提高，但工作进度仍达不到要求；他们强调现在 R-1A 和 R-2E 情况不容乐观，R-2 的制造也可能面临挫折，为彻底解决这些问题，请求斯大林进行私人干预[③]。

---

① Доклад М.И.Неделина Г.К.Жукову о развитии ракетного вооружения во время показа техники на Государственном центральном полигоне [A]. Ивкин В И, Сухина Г А. Задача особой государственной важности. Из история создания ракетно-ядерного оружия и Ракетных войск стратегического назначения（1945—1959 гг）. Москва: РОССПЭН, 2010: 360.

② Рабинович Б И, Брусиловский А Д. От баллистической ракеты Р-1 до космического комплекса энергия-буран.О людях и свершениях [M]. M: Учреждения РАН, 2009: 81.

③ Докладная записка Л.Р. Гонора и И.И. Уткина И.В. Сталину о проблемах с созданием ракетной техники [A]. Ивкин В И, Сухина Г А. Задача особой государственной важности. Из история создания ракетно-ядерного оружия и Ракетных войск стратегического назначения（1945—1959 гг）. Москва: РОССПЭН, 2010: 174-176.（戈诺尔和乌特金致斯大林关于火箭技术建立问题的报告）

第四章 V-2 的苏联化与苏联本国弹道火箭的研制（1947—1951）

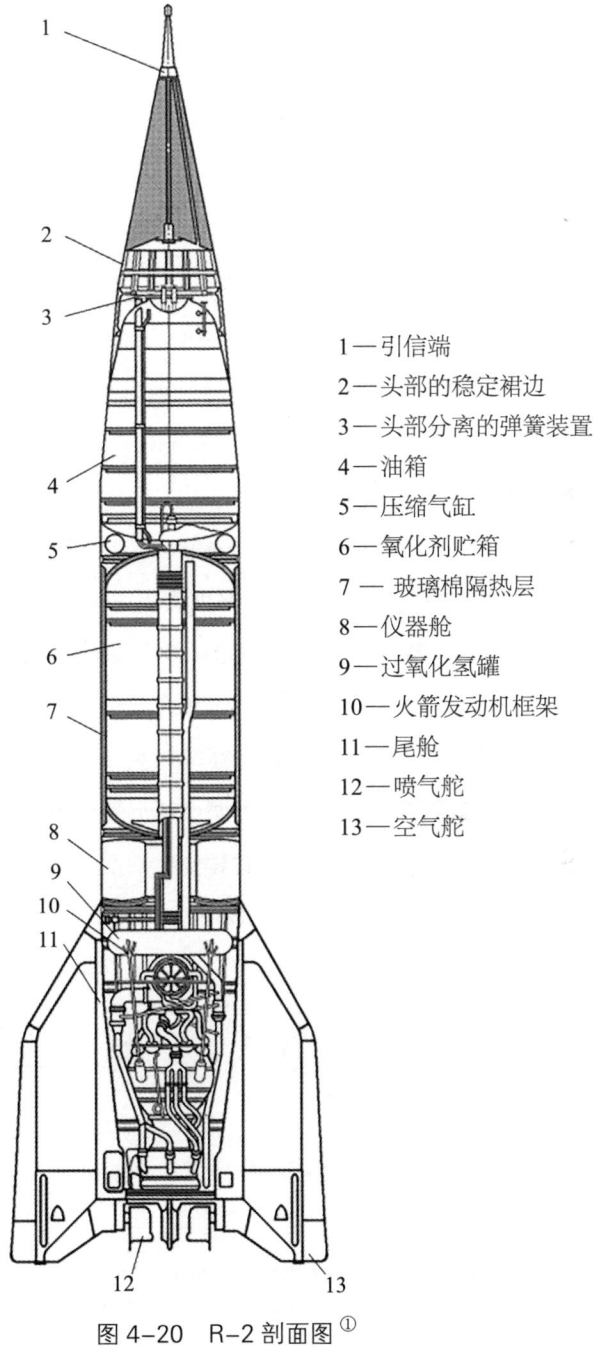

图 4-20 R-2 剖面图 [①]

---

① Конструкция ракеты Р-2. militaryrussia.ru/blog/topic-267.html.

从模仿到创新
——苏联液体弹道火箭技术的发展（1944—1951）

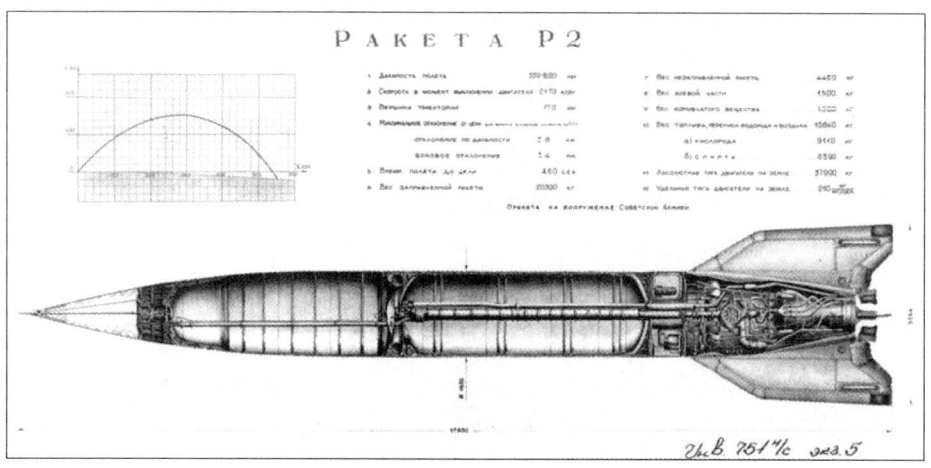

图 4-21　R-2 火箭数据图 [①]
（标有弹道轨迹、火箭射程、重量等指标）

鉴于 R-2 生产中的种种情况，1949 年 2 月苏联部长会议通过决议，各部委负责生产的火箭零部件交货期推迟 4 个月，火箭组装后的整体测试推至 1949 年 11 月（图 4-22 和 4-23）[②]。1950 年 10 月 21 日至 12 月 20 日，R-2 在卡普斯京亚尔发射场进行第一次飞行试验，但结果并不理想（表 4-4）。此次试验共发射 12 枚火箭，既定射程为 553.7 km，只有 2 枚发射成功，到达目标区域。另外 10 枚火箭失败原因主要集中在两点：一是有 4 枚火箭都在主动飞行段控制系统或发动机失灵，二是有 5 枚火箭头部分离后，在进入大气层时因摩擦产生的热量被毁坏。

[①] P-2 [A]. РГАНТД. http://www.rusarchives.ru/vystavka/chertok/pics/03-05-raketa-r2.jpg.

[②] Из постановления Совета Министров СССР № 647-254 Об изготовлении из отечественных материалов ракет дальнего действия Р-1 первого варианта（типа Фау-2）и итогах проведения заводских летных испытаний [А]. Ивкин В И, Сухина Г А. Задача особой государственной важности. Из истории создания ракетно-ядерного оружия и Ракетных войск стратегического назначения（1945—1959 гг）. Москва: РОССПЭН, 2010: 180.

第四章　V-2 的苏联化与苏联本国弹道火箭的研制（1947—1951）

图 4-22　R-2 仪器舱静态测试 ①

图 4-23　R-2 振动测试 ②

---

① Статические испытания приборного отсека ракеты Р-2 в ЦНИИМаш. militaryrussia.ru/blog/topic-267.html.

② Частотные（вибрационные）испытания ракеты Р-2 в ЦНИИМаш. militaryrussia.ru/blog/topic-267.html.

从模仿到创新
——苏联液体弹道火箭技术的发展（1944—1951）

表4-4 　　　　　　　　1950年R-2第一次发射试验结果[①]

发射序号	发射时间	射程/km	射程偏差/km	横向偏差/km	发射结果
1	10月21日	553.7	-208.9	+29.6	事故
2	10月26日	553.7	+2.2	+1.05	正常
3	10月27日	553.7	-1.0	+4.4	弹头损坏
4	10月30日	553.7	-0.7	+6.7	弹头损坏
5	11月8日	553.7	-396.2	-36.64	事故
6	11月14日	553.7	+10.0	-0.0	弹头损坏
7	11月18日	553.7	-201.6	+34.3	事故
8	11月26日	553.7	—	—	事故
9	12月11日	553.7	+3.0	+0.67	弹头损坏
10	12月12日	553.7	+0.2	-1.6	正常
11	12月16日	553.7	-0.6	-0.8	弹头损坏
12	12月20日	553.7	—	—	空中爆炸

设计师们仔细研究后发现，舵机与发动机的问题是因火箭结构调整造成的。由于R-2中仪表舱靠近发动机，后者在运行时产生的振动波对前者造成了干扰；并且为了减轻重量，火箭尾部采用了硬铝材质，更加强了这种振动波。控制系统的设计师们表示希望通过新的研究解决这一问题，但科罗廖夫拒绝在R-2上使用过多新技术，强调首先要保证火箭的可靠性。因此，最终设计师们在R-2上仍应用了R-1的火箭尾部，即放弃使用硬铝材质，采用钢材质。另外，他们还对火箭头部进行了再次修改，并完善了它的隔热性能。

---

① Ивкин В И, Сухина Г А. Задача особой государственной важности. Из истории создания ракетно-ядерного оружия и Ракетных войск стратегического назначения（1945—1959 гг）[М]. Москва: РОССПЭН, 2010:1001-1003.

第四章 V-2 的苏联化与苏联本国弹道火箭的研制（1947—1951）

1951年7月2日至7月27日，R-2在卡普斯京亚尔发射场顺利完成第二次飞行试验（表4-5，图4-24）。这次试验共发射13枚火箭，其中12枚都达到既定射程553.7 km的目标区域，只有1枚火箭起飞后不久因技术问题坠落。从试验结果来看，综合性的控制系统显示了良好的效果，虽然R-2比R-1射程增加了1倍，精准度却并没有变差，远高于军方要求的射程偏差不大于±8 km，横向偏差±4 km。尤其因为应用了地面无线电横向校正系统，横向偏差大为减少，基本在1 km左右。试验国家委员会对测试结果表示满意，并建议将R-2装备部队。

表4-5　　　　　　　　　1951年R-2第二次发射试验结果[①]

发射序号	发射时间	射程/km	射程偏差/km	横向偏差/km	发射结果
1	7月2日	553.7	+3.7	-0.95	正常
2	7月4日	553.7	+1.4	+0.57	正常
3	7月7日	553.7	+3.167	-0.693	正常
4	7月9日	553.7	-8.188	0.986	正常
5	7月10日	553.7	+1.932	-1.697	正常
6	7月11日	553.7	+7.219	-1.816	正常
7	7月12日	553.7	—	—	事故
8	7月14日	553.7	-4.838	-1.987	正常
9	7月16日	553.7	-9.423	-1.335	正常
10	7月20日	553.7	-3.428	-2.386	正常
11	7月23日	553.7	+12.768	-0.986	正常
12	7月25日	553.7	-2.481	-1.157	正常
13	7月27日	553.7	+2.789	-0.378	正常

① Ивкин В И, Сухина Г А. Задача особой государственной важности. Из истории создания ракетно-ядерного оружия и Ракетных войск стратегического назначения（1945—1959 гг）[M]. Москва: РОССПЭН, 2010:1001-1003.

从模仿到创新
——苏联液体弹道火箭技术的发展（1944—1951）

图 4-24　R-2 发射[1]

与 R-1 一样，军方在 R-2 装备部队上仍持保留意见。军方提出几点不足之处[2]：一是，R-2 制造中使用了过多的有色金属，这不利于战时开展大规模生产；二是，认为 R-2 还存有结构性缺点，设备可靠性还有待被验证；三是，火箭发射准备过于繁复且效率不高。军方指出，在试验场需要不少于 20 辆不同种类的特种车辆服务于发射工作；发射阵地上准备发射的时间需要 6 小时；如果没有在规定的 15 分钟内完成最后发射，还需倒出全部燃料进行检查，重新加灌、设定目标，整个过程花费约 24 小时。而与这一切的复杂工作对比，R-2 承载弹药的杀伤面积不超过 950 m^2，显然军方并不满意这样高消耗带来的低效率。

---

[1] Старт ракеты Р-2. militaryrussia.ru/blog/topic-267.html.

[2] Uhl M. Stalins V-2:Der Technologietransfer der deutschen Fernlenkwaffentechnik in die UdSSR und der Aufbau der sowjetischen Raketenindustrie 1945 bis 1959 [M]. Bonn:Bernard & Graefe-Verlag, 2001:180.

第四章　V-2 的苏联化与苏联本国弹道火箭的研制（1947—1951）

最终科罗廖夫对 R-2 又做了一些细微修改。在国家领导人的支持下，1951 年 11 月苏联部长会议通过决议将 R-2 装备部队（装备数据见表 4-6）。根据该决议要求，R-2 于 1952 年开始在 88 科研所和 586 工厂开展批量生产，当年向军方提供首批 50 枚火箭[1]。决议还落实了对 R-2 科研工作的奖励，将原定 1 320 万卢布的奖励金额缩减 25%，即向各火箭研制部委实际发放 990 万卢布奖金[2]。

表4-6　　　　　　　　　R-2火箭装备部队性能数据[3]

性能指标		单位	数据
火箭全长		m	17.65
火箭直径		m	1.65
未填充燃料的火箭重量		kg	4 460
填充燃料后火箭重量		kg	20 300
燃料重量	酒精	kg	6 390
	液氧	kg	9 110
爆炸物重量		kg	1 000

---

[1] Постановление Совета Министров СССР № 4872-2096 О результатах испытаний и принятии на вооружение ракеты Р-2 [A]. Ивкин В И, Сухина Г А. Задача особой государственной важности. Из истории создания ракетно-ядерного оружия и Ракетных войск стратегического назначения (1945—1959 гг). Москва: РОССПЭН, 2010: 262-264. （苏联部长会议 № 4872-2096 决议《关于 Р-2 火箭试验结果与装备部队》）

[2] Постановление Совета Министров СССР № 4872-2096 О результатах испытаний и принятии на вооружение ракеты Р-2 [A]. Ивкин В И, Сухина Г А. Задача особой государственной важности. Из истории создания ракетно-ядерного оружия и Ракетных войск стратегического назначения (1945—1959 гг). Москва: РОССПЭН, 2010: 264.

[3] Постановление Совета Министров СССР № 4872-2096 О результатах испытаний и принятии на вооружение ракеты Р-2 [A]. Ивкин В И, Сухина Г А. Задача особой государственной важности. Из истории создания ракетно-ядерного оружия и Ракетных войск стратегического назначения (1945—1959 гг). Москва: РОССПЭН, 2010: 262. Доклад М.И.Неделина Г.К.Жукову о развитии ракетного вооружения во время показа техники на Государственном центральном полигоне [A]. Ивкин В И, Сухина Г А. Задача особой государственной важности. Из истории создания ракетно-ядерного оружия и Ракетных войск стратегического назначения (1945—1959 гг.). Москва: РОССПЭН, 2010: 359.

从模仿到创新
——苏联液体弹道火箭技术的发展（1944—1951）

（续表）

性能指标		单位	数据
燃烧室	推力	kg	3 700
	温度	℃	2 500
涡轮泵主机功率		hp	1 000
最大射程		km	550～590
最大射程所需飞行时间		min	7.5
最大飞行高度		km	170
最大速度		m/s	2 170
弹头落点最大偏差	射程偏差	km	±8
	横向偏差	km	±4

R-2 火箭自方案设计到试验成功，历时 5 年。苏联设计师用 R-2 的成功向世人证明，他们已经不是简单的接受德国的火箭技术，而能够独立开发远程火箭。为实现这一目标，苏联投入了大量研发经费。这项事业在近 5 年的时间里消耗了苏联大量的财政和经济资源，仅 R-1 和 R-2 的研发成本就高达 30 亿卢布[1]。而美国在 1945—1953 年间采取重视轰炸机而轻视弹道火箭的政策，陆军试图改进 V-2 的"赫尔墨斯计划"，从实际发展看仍属于一种技术试验，没有取得很大的成就。由于资金投入和技术创新，苏联与其最重要的竞争对手美国相比，能够在可预见的时间里在已有成就上有进一步的发展，最终在这一技术领域占据领先地位[2]。

有趣的是，V-2 火箭技术还以特别的形式回到了火箭的故乡——中国[3]。

---

[1] Uhl M. Stalins V-2: Der Technologietransfer der deutschen Fernlenkwaffentechnik in die UdSSR und der Aufbau der sowjetischen Raketenindustrie 1945 bis 1959 [M]. Bonn: Bernard & Graefe-Verlag, 2001: 180.

[2] Uhl M. Stalins V-2: Der Technologietransfer der deutschen Fernlenkwaffentechnik in die UdSSR und der Aufbau der sowjetischen Raketenindustrie 1945 bis 1959 [M]. Bonn: Bernard & Graefe-Verlag, 2001: 180.

[3] WANG Fang, Yuri M. BATURIN, LI Chengzhi. The Route of V-2 Technology Transfer From Germany to the USSR, and on to China [J]. Chinese Annals of History of Science and Technology. 5（2021）2: 114-140.

第四章 V-2 的苏联化与苏联本国弹道火箭的研制（1947—1951）

出于国家安全的考虑，中国 1955 年开始研究发展火箭技术的问题，一方面组建了以中央军委副主席聂荣臻为主任的国防部航空工业委员会，以及由钱学森任院长的国防部第五研究院（以下简称"五院"）；另一方面积极争取苏联的援助。根据 1957 年 10 月 15 日中苏两国签订的《关于生产新式武器和军事技术装备以及在中国建立综合性的原子能工业的协定》（简称"国防新技术协定"），苏联向中国提供了 V-2 的仿制品 R-1 和改进型 R-2。虽然 R-1 在苏联已经过时，但对于中国人来说，仍然是宝贵的样品。五院立即派人对其进行拆解和测绘，用半年时间摸清了这种火箭的构造和材料，但并未进行仿制。性能更好的 R-2 成为中国仿制的对象（图 4-25）。仿制工作于 1958 年 5 月全面展开。在仿制前期苏联专家的帮助下，以及苏联专家撤走后全国大协作的努力，1960 年 11 月 5 日中国成功发射装有国产推进剂的东风 1 号（代号 1059，图 4-26）。在此基础上中国自行设计了改进型，射程 1 200 km 的东风 2 号（图 4-27），历经失败、探索和改进，终于在 1964 年 6 月 29 日发射成功。自此，中国人掌握了液体弹道火箭的研究、设计、制造和试验的方法，为自行研制火箭闯出了一条道路。

图 4-25　苏联 R-2 在北京航空航天大学（李成智提供）

从模仿到创新
——苏联液体弹道火箭技术的发展（1944—1951）

图 4-26　东风 1 号在中国人民革命军事博物馆（笔者提供）

图 4-27　东风 2 号在北京航空航天大学（李成智提供）

三、R-3 火箭设计方案——告别德国火箭遗产

苏联除了在 V-2 基础上研制 R-1 和 R-2 之外，还试图实施一些颇具前瞻性的工作。与 R-1 和 R-2 差不多同一时间，也是在 1947 年，科罗廖夫开始领导研制射程不低于 3 000 km 的火箭武器。这种新型火箭于 1948 年 4 月被部长会议决议命名为 R-3（俄文为 Р-3，代码 8A67）。

为达到要求的射程，设计师们实施 R-3 火箭设计方案的可行性研究，考虑以何种火箭类型或火箭结构来实现这一目标。由此，形成了两类原理不同的方案——弹道式火箭和有翼火箭[①]，这两类方案细分为 4 种，分别是单级弹道火箭、多级弹道火箭、单级有翼火箭和多级有翼火箭。这两种类型的火箭方案是同时进行的：弹道火箭方案的可行性研究集中在 88 科研所进行，有翼火箭方案的研究则在第 1 科研所展开。后经对各方案的种种比较，最终选定了单级弹道火箭。

1947 年，苏联各火箭技术机构对 3 000 km 火箭的研究形成广泛的协作，其设计团队与之前的 R-1 和 R-2 类似。科罗廖夫担任 R-3 的总设计师，火箭的整体设计由他所在的 88 科研所第 3 部负责；发动机研究在航空工业部的两个机构同时进行，即格鲁什科领导的 456 试验设计局和波利亚尔内（А.П. Полярный）领导的第 1 科研所；控制系统总体上是由梁赞斯基和皮柳金率领的 885 科研所承担的，但在陀螺稳定平台上形成两个竞争性的设计，一个是 885 科研所做的，另一个是在科诺普廖夫（Б.М. Коноплев）领导下由 20 科研所和 49 科研所合作完成的。

科罗廖夫积极推进并亲自负责 3 000 km 火箭方案的设计，工作进度很快。1949 年 6 月完成 R-3 整个设计方案的制订，共计 20 卷文件，其中第一卷"导言"为科罗廖夫执笔——《远距离火箭设计原理与方法》[②]，此外还

[①] 这两类火箭的原理不同之处在于：弹道式火箭——在发动机关闭后，沿弹道式轨迹完成飞行的火箭；有翼火箭——在发动机关闭后，利用机翼沿轨迹完成飞行的火箭。

[②] 科罗廖夫所执笔的这份"导言"，俄文原文是带有插图共 282 页的打印稿，此文的中文译文详见：[苏] M.B. 克尔迪什. 苏联科学院院士、火箭、飞船总设计师科罗廖夫文集 [M]. 北京：宇航出版社，1992: 227–245.

从模仿到创新
—— 苏联液体弹道火箭技术的发展（1944—1951）

有数十卷协作单位的报告①。在《远距离火箭设计原理与方法》一文中，科罗廖夫总结了远程火箭领域已经完成的工作，指出 R-3 研制中各系统面临的主要任务；针对弹道式火箭，他详细论述了主要设计参数选择、头部分离原理的应用、空气动力学问题、运动稳定性、强度问题，以及"捆绑式"多级火箭等方面的技术问题，提出其中的研制难点；针对有翼火箭，他认为这是一个发展远射程火箭有前途的方向，对其型式的选择做了一些讨论。科罗廖夫在这篇文章中阐述的方法、理论和原则为苏联下一步研制首批空间运载火箭打下了基础②。

1949 年 12 月 7 日，88 科研所科学技术委员会召开会议，审议了 R-3 火箭设计方案。会上 R-3 的各位总设计师分别介绍了火箭整体结构、发动机和控制系统的设计方案，这个项目在复杂性和规模上被认为是十分庞大的。切尔托克回忆科罗廖夫在大会报告中的观点③：

> 必须在不同工业领域开展综合性大规模的工作，这样才能在短时间内在 P-3④ 的研制技术上实现相当大的质的飞跃。
>
> 工作的开展，不能再是单独的机构和小组，而应该由最好的必不可少的国家团队来完成……
>
> 为此，需要吸引最优秀的技术人才，需要一系列的物质条件，其中最主要的是住房保障和物质保障……在相当大的规模上扩大并增强新技术的试验基地，需要投资对它进行重新装备……将与 P-3 研制有关的问题及所有综合工作，都交给国家相应的科学技术机构负责。
>
> 将所有专业部委联合起来，从事火箭技术工作。

科罗廖夫的观点被认为是他形成了对大规模火箭武器研制组织工作原则

---

① Черток Б Е. Ракеты и люди.Подлипки-Капустин Яр-Тюратам［M］. Москва: Издательство РТСофт, 2011: 73.

②［苏］M.B. 克尔迪什. 苏联科学院院士、火箭、飞船总设计师科罗廖夫文集［M］.岳祝帧等译，李国芬等校. 北京: 宇航出版社, 1992: 227.

③ Черток Б Е. Ракеты и люди.Подлипки-Капустин Яр-Тюратам［M］. Москва: Издательство РТСофт, 2011: 74.

④ 即 R-3。

第四章 V-2 的苏联化与苏联本国弹道火箭的研制(1947—1951)

的清晰认识,即集中力量服务同一目标,他的这一组织原则不仅成为总设计师委员会的纲领,更确定了苏联未来火箭技术发展计划中以全国规模开展工作的要求①。R-3 设计方案在这次大会上得以通过,后来却并未获准变为现实产品。其原因在于,R-3 后续研究中进行了一些实验火箭的发射,这些实验火箭被认为已经完成了 R-3 所承载的任务,证明了可直接过渡到洲际射程火箭的研制②。因此 R-3 实际上成为研制洲际射程 R-7(P-7)火箭的"跳板"③。

虽然 R-3 方案并没有实现,但它断送了德国人研究火箭设计方案的前途④。德国人由于长期被隔离在苏联火箭技术研发之外,即使是最有资历的专家也逐渐在技术上落后了,他们对苏联人而言变得"不再有用"⑤。另外,德国人继续留在苏联火箭武器研制系统中,有"泄露国家机密"之嫌。乌斯季诺夫认为,装备部承担的火箭武器研制是高保密性工作,德国人不能继续留在自己的部委。征得斯大林的同意后,1950 年 8 月 13 日装备部通过终止德国专家远程火箭设计工作的决议,并将他们遣返德国的事宜做出安排。

为防止本国火箭武器研制的敏感信息泄露,苏联政府将德国专家按照重要性分类,于 1951 年 12 月、1952 年 6 月和 1953 年 11 月分三批遣送回国。格勒特鲁普等 8 位重要专家最后一批离开苏联。苏联政府为所有愿意离开的德国人提供货币兑换服务,支付车费和行李费用,并调拨专列负责运送;此外,还与东德政府签署协议,东德政府保障这些专家在境内的免费通行,并为他们提供住房和工作。绝大多数德国专家选择回到德国,极少数自愿留下的德国人被安置在莫斯科,苏联政府为他们提供良好的薪酬,但他们需要签

---

① Черток Б Е. Ракеты и люди.Подлипки-Капустин Яр-Тюратам [M]. Москва:Издательство РТСофт, 2011: 74.

② 远程火箭设计原理和方法。参见:[苏]M.B. 克尔迪什. 苏联科学院院士、火箭、飞船总设计师科罗廖夫文集 [M]. 北京:宇航出版社,1992:227.

③ Черток Б Е. Ракеты и люди.Подлипки-Капустин Яр-Тюратам [M]. Москва: Издательство РТСофт, 2011: 73.

④ Черток Б Е. Ракеты и люди.Подлипки-Капустин Яр-Тюратам [M]. Москва: Издательство РТСофт, 2011: 72.

⑤ Siddiqi A A. Germans in Russia: Cold War, Technology Transfer, and National Identity [J]. History of Science Society, 2009 (24): 120-143.

从模仿到创新
——苏联液体弹道火箭技术的发展（1944—1951）

订一份 5 年内不从事火箭武器开发的合同。其中，霍赫博士曾申请加入苏联国籍，但后来因患阑尾炎而去世。格勒特鲁普一家到达柏林火车站后就被美国间谍人员带走。美方人员邀请格勒特鲁普去美国开展火箭研究，但他表示不愿意离开德国①。几乎所有回国的德国人都受到美国情报部门的审问，提供了苏联弹道火箭相关的大量信息，特别是 1945—1947 年间的信息②。

事实上，苏联与德国火箭遗产的告别是形式上的，而不是内容上的，德国人的工作对苏联火箭事业的影响深远。在 G-1 之后，德国人完成了射程为 2 500 km、战斗部不低于 1 t 的 G-2（即 Γ-2，苏联代码 P-12）火箭的建议报告。此外，他们还做了一些前瞻性方案的初步计算：利用 G-1 外壳和 V-2 火箭改进版发动机，设计出 G-1M 火箭（苏联代码 P-13）；弹道火箭 G-4（即 Γ-4，苏联代码 P-14）；以及射程超过 3 000 km，有效载荷 3 t 的有翼火箭 G-5（即 Γ-5，苏联代码 P-15）。但是这些工作都止于提出设计思想和主要参数，并没有后续的书面报告，后让位于苏联其他型号的研制，如洲际火箭轰炸机的开发。

---

① 格勒特鲁普一家先被美国间谍人员带至西柏林，不久被转移到科隆一栋别墅里。美方人员询问他们是否愿意前往美国工作，格勒特鲁普夫人表示不愿意再离开德国，格勒特鲁普听从了他夫人的意见，于是美方人员决定不再收留他们一家。格勒特鲁普带领家人来到慕尼黑，先后在西门子公司和制造货币的机械工厂工作，直至 1980 年因癌症去世。

② Siddiqi A A. Germans in Russia：Cold War, Technology Transfer, and National Identity [J]. History of Science Society, 2009（24）：120-143.

第五章

苏联火箭技术发展的路径与特点（1944—1951）

德国火箭技术向苏联和美国的转移带有鲜明的军事色彩，并在一定程度上取决于二战末期的战争环境及随后的国际政治格局。美国与苏联一旦优先获得先进技术与人才，就将其独占，不肯让与他人。自1944—1951年，苏联以非常规的方式，夺取、消化吸收德国火箭技术，并实现火箭的国产化与创新，奠定火箭技术，乃至航天事业跨越发展的基础。苏联人掌握火箭技术的生动历程，向世人展现出一项军工技术转移与创新的独特路径与模式，丰富着人们对技术转移与技术创新的深刻认识。

火箭武器是德国在战时创造与独享的新技术。美苏等国家都看到了火箭在未来军事斗争和国家竞争中的巨大潜力，将德国火箭技术和人才当作瓜分的"战利品"。苏联首先分享了英国人的情报，能率先有目的地进军德国北部的火箭基地。美军则抢先进军德国中部的诺德豪森火箭基地，俘获那里的"健全的"火箭、人才和设备等，还非常幸运地得到那些愿意投向美国的德国顶尖火箭专家。苏联未得到完整的德国火箭成品和最优秀的专家，只能另辟一条全面继承德国遗产的路径，提升苏联火箭事业发展的起点，逐步实现技术跨越。

从模仿到创新
——苏联液体弹道火箭技术的发展（1944—1951）

第一节 德国火箭技术向苏联转移的阶段与路径

一、火箭技术转移的四个阶段

V-2 火箭尽管还不够成熟，但毕竟投入了实战，代表着二战前液体火箭技术的最高水平，正如切尔托克所说："1945 年之前，无论是苏联人，还是美国人、英国人，都无法造出推力超过 1.5 t 的液体火箭发动机，少量产品可靠性很低，未系列投产，更未生产出任何应用这种发动机的新型武器。而此前，德国掌握了这种技术，并研制成推力达 27 t 的液体火箭发动机，比其他国家的大 18 倍！"[①]苏联人掌握德国 V-2 火箭技术，大致可划分为四个特征比较鲜明的阶段（图 5-1）。

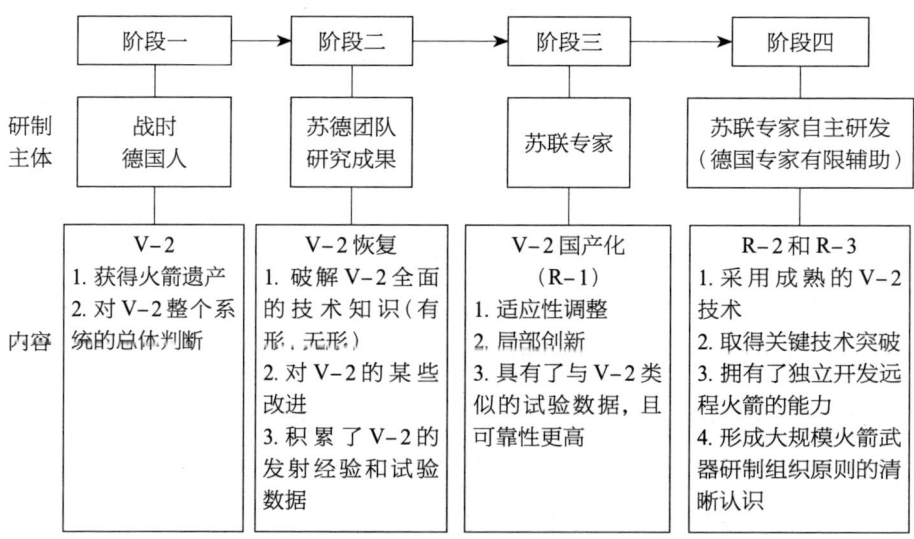

图 5-1 苏联人掌握德国火箭技术的四个阶段[②]

---

① Черток Б Е. Ракеты и люди. От самолетов до ракет [M]. Москва：Издательство РТСофт，2010：222.

② 笔者绘制。

第五章　苏联火箭技术发展的路径与特点（1944—1951）

第一阶段（1944年7月—1945年7月），苏军攻入波兰和德国，争夺到部分的火箭实物与人才。一方面，苏联人俘获有形的火箭零部件、仪器、设备、设施和材料，以及图纸等技术资料。具体而言，包括波兰试验场找到的火箭发动机残骸、燃料箱碎片、石墨舵、蒸汽气体发生器、惯性装置的重要部件、无线电设备和执行机构的自动化零件、控制和稳定机构的外壳，以及保存完好的涡轮泵组；佩内明德的大型试验台、各种燃料和氧化剂的贮存车、两座大型氧气工厂、可运行的发电站，以及各种火箭零件；诺德豪森的零散的V-2火箭部件，以及为数不多的技术文件。另一方面，苏联俘获了部分技术专家和技术工人等"技术载体"。整体上，这些德国有形和无形的火箭技术或者优于苏联的同类技术，或者是苏联缺少的。苏联专家还在波兰和德国的考察中，形成了对V-2火箭技术布局、设备设施、人才和研制能力的整体判断。

第二阶段（1945年7月—1947年10月），苏联人在德国完成V-2火箭的技术恢复，于1947年1月将火箭研究人才与机构搬迁到苏联本土，实现了V-2的成功发射。苏联人选择"就地取材"的做法，充分挖掘自己在东德占领区的潜力，最大限度地利用德国"残缺不全的"火箭及相关的人才、技术与工业基础，组织德国人帮助破解与"恢复"V-2火箭。苏联人与德国人团队合作对技术恢复工作的成功有着重要的意义，他们在恢复过程中发现并改进了V-2的不足，促使它走向成熟。比如，德国专家霍赫开发了自动计算装置，用于弹道模拟。他还为V-2安装了滤波电容器，改变其飞行中偏移过大的情况。苏联人改变了发动机的装配测试工艺。由于零部件匮乏，控制系统并不完全是原件组装，还采用了德国订购、国内恢复改进的方式。经过两年多的努力，苏联人在德国专家的参与下，于1947年10月在本土进行了V-2火箭的成功发射。这是战后苏联国内新组建的火箭技术机构首次共同协作完成弹道火箭发射。

第三阶段（1947年1月—1951年6月），苏联将V-2国产化，即研制R-1火箭。苏联人在更大范围和规模上全面消化和吸收德国火箭技术，使其适应本国的组织体系和工业基础。德国人未获准直接参与R-1火箭的研制，但V-2的技术仍在发挥作用。由于国产材料难以配齐、制造工艺达不到要求等问题，苏联实际上未能实现完全用国产零部件制造R-1。一些零部件和仪器设备不得不使用德国产品，或依靠进口。V-2的国产化，即R-1的制造，推动苏联火箭技术领域的工程师和工人尽快参与到研制工作中，掌握火箭的制造工艺和技术特点，自主解决许多技术问题。事实上，R-1并未一直停留在模仿阶段。第二批R-1火箭在很大程度上已不再是对V-2技术的精确复制，在提高可靠性等方面做了诸多卓有成效的改进。R-1火箭的飞行试验证实，它完成了某些技术突破，具有与V-2类似的数据。尽管R-1精准度还不够高，但它比德国火箭具有更高的可靠性。

第四阶段（1947年1月—1951年12月），在V-2国产化的同时，苏联开展本国火箭的设计和研制，更多的科研所、设计局和工厂参与研制新型火箭。射程为600 km的R-2火箭，作为苏联自己研发的第一种弹道火箭，将保证可靠性作为首要的设计目标。在充分利用V-2成熟技术的同时，苏联人要提出自主的解决方案，掌握关键技术。所谓关键技术的突破，主要体现在弹头分离技术、承力燃料箱的设计、综合性控制系统的应用和37 t推力火箭发动机RD-101的研制。R-2试验发射的成功表明，苏联已经能够独立开发远程火箭。在射程3 000 km的R-3火箭设计方案中，苏联人摸索出火箭研制的组织工作原则，能够理解火箭各系统技术问题，解决复杂的技术问题。至此，苏联人意识到他们在弹道火箭技术领域已不再需要德国人的帮助。

二、火箭技术转移的路径

苏联人掌握德国火箭技术并谋求创新的路径概括起来就是，起步于V-2的全面恢复，经过V-2的国产化，走向新型号的研制（图5-2）。

第五章　苏联火箭技术发展的路径与特点（1944—1951）

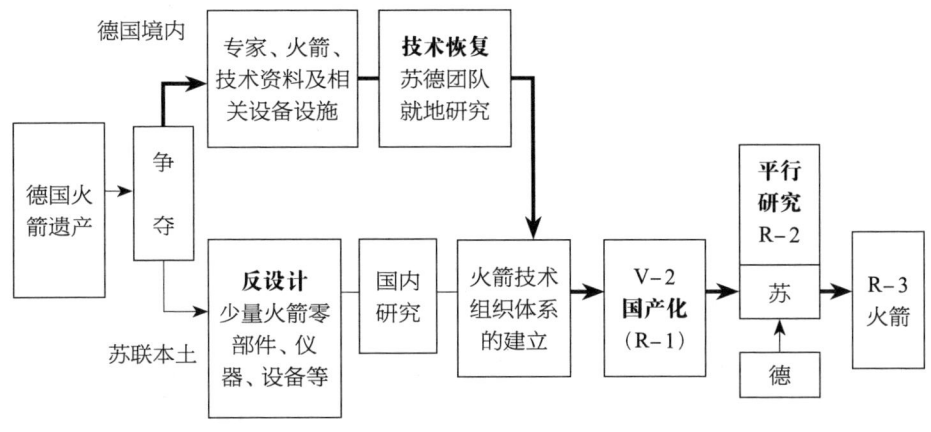

图 5-2　苏联人掌握德国 V-2 火箭技术的路径[1]

V-2 火箭的恢复：在人力资源方面，充分发挥德国人的作用，请德国人带苏联人，培养锻炼自己的骨干人才；在物质方面，尽可能利用德国的零部件、材料、仪器、设备与设施；在知识方面，从火箭的零部件、设备设施等实物出发，经过研究与试验，逐步消化吸收德国技术，认识火箭的构造、性能、材料、制造工艺、设计及相关理论知识，其中有些工作属于"反设计"或反向工程的性质[2]。苏联人利用德国宝贵的人力、科技与工业资源，就地恢复技术的选择是非常明智的。他们用两年多的时间，恢复出既可用于仿制又有理论依据的设计图纸和技术文件，拼合出成套的仪器、设备、设施和工艺。更重要的是，苏联人锻炼出了自己的技术专家与管理专家，把德国的技术装入了自己的头脑。他们达到，甚至可能超过了 1945 年美国人俘获的完整 V-2 产品与冯·布劳恩等专家的效果。无论如何，比起自己独立研发，苏联人大大缩短了研发火箭时间。苏联专家切尔托克有如下中肯的评价：

我们有机会研究的不是文件，而是在自己经验的基础上，研究德

---

[1] 笔者绘制。图中粗线表示苏联火箭技术的工作主线，即前期虽是苏联国内和德国境内并行研究，但在德国的研究是更为重要的前线。

[2] 这种反向认识与掌握外来技术的过程被钱学森称为"反设计"。参见石磊等著. 钱学森的航天岁月 [M]. 北京：中国宇航出版社，2011:231.

从模仿到创新
——苏联液体弹道火箭技术的发展（1944—1951）

国技术的弱点，甚至在德国就开始思考如何改善……我们在德国境内组织研究和复原火箭技术是正确的，在德国专家的参与下拥有了雄厚的技术潜力。第二次世界大战后最初的两年，我们国家无法提供类似规模的工作条件。①

V-2 火箭的国产化：基于在德国恢复 V-2 的多种成果，苏联人带着器材和德国专家回到祖国，转向 V-2 的国产化与改进。V-2 的国产化，也就是 R-1 的生产，是使得德国火箭适应苏联工业基础、技术条件与资源的一个周期较长的探索过程。从 1947 年到 1951 年，R-1 共完成四次飞行试验，涉及对火箭整体设计的检测、射击精准度的提升、零下 26°环境中的性能测试、批量生产工艺的检验。这个过程促使苏联火箭专家和技术工人系统而深入地了解和掌握火箭生产工艺，研究和解决不同层次的技术问题。同时，苏联利用其庞大的计划经济体制，建立分工且协作的火箭研发与生产体系，实现火箭研制的不同机构的整体协调和配合。和其他先进产品的国产化类似，V-2 在苏联的国产化需要解决代用材料、仪器设备与工艺的研制等问题，从而带动相关技术与工业能力的提升。苏联政府利用有限的条件，取得领先于世的重大突破，说明这个国家在整合高端人才与工业资源方面的有效性。

新型号的研制：V-2 的恢复和复制为新型火箭的研发开辟了道路。苏联人善于利用德国人才，在不同阶段采取了相应的举措。在设计 R-2 的过程中，苏联采取了他们与德国专家平行工作的方式。不过，苏联人可以随意分享德国人的设计思想与其他成果，德国人却被排除在项目具体实施之外，不能了解苏联人的研制工作。这说明，苏联从未打算将德国人真正整合到本国火箭的研制体系中，让他们有平等地分享双方工作成果的机会。通过这种方式，苏联人可以将德国人的工作与自己的研究做比较，选取其中的技术方案。在 R-2 设计中，分离式弹头和承力燃料箱两个原则性的设计改进，虽然对苏德专家谁先清晰提出这一技术方案仍有争议，但从当时他们之间的工作模式来

---

① Черток Б Е. Ракеты и люди. От самолетов до ракет [M]. Москва：Издательство РТСофт, 2010：332.

看，苏联人无疑可以从德国专家那里汲取一些有用的想法。德国人后续提出的其他火箭型号的设计方案和思想，对苏联火箭事业的影响也是深远的。

苏联人"一步一个脚印"，踏实地学习掌握新技术，通过不断地改进实现局部的技术突破，进而带动整个火箭领域的提升。苏联案例的成功，或许可以让我们看到技术改进积累的力量。事实上，在先进国家的工业化历史上，重大的技术创新并不是唯一的，或许也不是主要的改进生产能力的源泉；对某些技术进行比较小的改进，才是让工业先进和后进地区国家的几乎每一种产业，提高生产能力的关键和继续不断发展的源泉[①]。苏联从V-2技术恢复开始，所做的工作就不仅限于恢复本身，而是在自己经验的基础上不断进行小的改进，技术能力在小的改进中得以积累，最终在R-2火箭上完成关键技术的突破。苏联火箭技术从追赶德国到超越，实现了从模仿到自主研发的转变。

第二节　火箭研制的主要角色及其合作关系

在苏联争夺、恢复、制造与改进德国V-2火箭的过程中，苏联人形成火箭研制的群体，其主要角色成为拉贝研究所、诺德豪森研究所、88科研所、制造部门等核心机构。例如，诺德豪森研究所称得上火箭技术与管理的学校，它培养、锻炼出一大批不同特长的人才，并使得一些领军人才脱颖而出。这些对苏联后世火箭与航天事业的发展影响深远。可以说，脱胎于苏联摇篮的"火箭少年"，在"德国学校"较快地成长为朝气蓬勃、能堪当开拓航天事业重任的"火箭青年"。因此，苏联人在德国开展的火箭恢复工作，是苏联火箭技术乃至航天事业形成与崛起的一个非常重要的阶段。

苏联发展的火箭研制体制显然具有一定的"柔性"，因而给盖杜科夫这种军队的人物和非官方的"总设计师委员会"以机会，凸显出他们的体制外

---

① 金仁秀著. 模仿是为了创新——南韩经验：技术学习的典范[M]. 刘小梅，刘鸿基译. 台北：远流出版事业股份有限公司，2000: 10.

从模仿到创新
——苏联液体弹道火箭技术的发展（1944—1951）

的重要作用，从而发挥出创造力。总设计师委员会实际上是苏联火箭技术的智囊和组织中心，对苏联航天事业发展的影响举足轻重。除了德国专家，苏联的航空工程师、炮兵专家和国防工业部委领导人成为影响苏联火箭事业发展的三大角色，在火箭研制中发挥着主体作用（图5-3）。

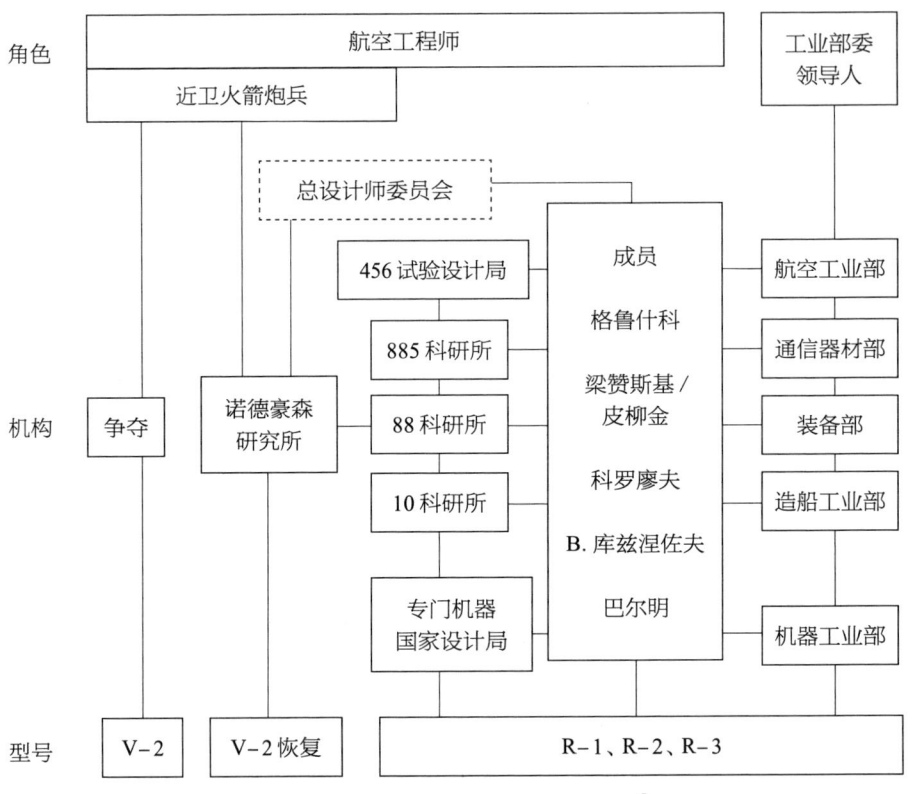

图5-3　苏联火箭技术研制体制图[①]

航空工程师是德国火箭技术向苏联转移最初和主要的推动者。在波兰第一次考察V-2火箭技术时，他们就对德国技术的威力感到震惊，直接向国家最高领导人斯大林提交了研究结论和重要建议。这也刺激着他们急于前往德国本土了解德国技术，不断向上级领导强调争夺火箭遗产的重要性和迫切性。在未得到官方授意的情况下，他们利用航空领域的调查机会飞往德国搜

---

① 笔者绘制。实线为体制内组织，虚线为体制外组织。

第五章　苏联火箭技术发展的路径与特点（1944—1951）

寻火箭技术。之后，驻德火箭研究工作推动政府高层做出大力发展火箭技术的战略决策。

航空工程师也是自觉学习和研究德国火箭技术的先锋和主力。他们对德国技术的消化吸收和改进，更多是出于职业好奇心和责任感，而不是任务要求下的被动行为。他们已有的知识基础是实现火箭人才队伍快速成长不可或缺的条件。二战之前，苏联在火箭技术的理论和研制方面做出了自己的探索，初步形成了专家队伍。尽管经历了"大清洗"等政治打击，苏联专家仍保存了自己的技术潜力和学习能力。即便是那些"半路出家"的人员，他们在德国的工作中经历了改行、学习和适应的过程，也成为火箭专家。更为重要的是，这些专家中诞生出火箭技术的总设计师委员会。

苏联掌握德国火箭技术经历了一个从专家和军方自觉行动到政府顶层决策的过程。政府高层对怎样利用德国的火箭技术，一开始并无统筹安排。专家们和少数部门领导首先敏锐意识到利用德国技术的重要性，并且主动摸索掌握德国火箭秘密的路径，包括自觉建设拉贝研究所，直到促使政府高层做出正确的决策。

苏联火箭武器技术从一开始就不是掌握在航空业手中，而是由炮兵掌握的。这与航空业在这一领域的保守和退让，以及近卫火箭炮兵部队的积极主动有很大关系。在苏联各部委尚对火箭技术存有怀疑之时，随苏军进入德国的炮兵最先表现出对火箭武器的热心，成为火箭技术的支持者和学习者。在盖杜科夫领导下，近卫火箭炮兵部队在德国各火箭基地设司令部，与航空工程师一起搜寻火箭遗产。在驻德工作期间，两者形成了重要的合作关系。一方面，炮兵为工程师们开展工作提供良好的条件保障和诸多帮助；另一方面，努力向航空工程师学习有关火箭的知识和技术，掌握火箭的测试和发射技术。这些人后来成长为苏联火箭试验发射场和火箭管理局的主要指挥官和负责人。特别是，在德国的这些炮兵经选拔建立了苏联最高统帅部预备队特殊使命队，成为日后战略火箭部队建立的基础。

回到苏联后，炮兵成为火箭武器的订货商，与火箭设计师不时发生冲突。两者的矛盾主要体现在火箭试验成功后，是否批量生产装备部队上。军方要

从模仿到创新
—— 苏联液体弹道火箭技术的发展（1944—1951）

求完善火箭性能，保证高可靠性，避免部队实际应用中的各种问题；而设计师们则希望在批量生产中解决火箭现有的缺陷。由于军方对火箭事业的支持至关重要，因此设计师们往往不得不听从军方意见，经历多次改进才能投入量产。两者之间的矛盾常需要国家计委，甚至国家领导人的协调才得以解决。

对新事物的前景做出正确的预见不是一件很容易的事。实际上，在接触德国火箭技术初期，各部委对这种新技术大都持怀疑态度，航空工业部对此事并不积极，其他部委也没有明确表态。这造成争夺、搜寻和接收德国火箭遗产中的混乱，而且较多地注重设备、器材等有形的财富，而未将人才的争夺置于优先的地位。直到1945年末，乌斯季诺夫领导的装备部决定接手这一领域的组织工作，火箭事业的前景才明朗起来。《喷气武器问题》决议在1946年5月出台之后，苏联政府才开始发挥强有力的宏观决策与统筹协调能力的功能，厘清了各部委的权责关系，为掌握先进火箭技术与人才队伍建设提供人员、资金、物资供应等方面的有力保障，将专家和少数部门的作为变成了政府主导的国家事业。以装备部为主导，航空工业部、电气工业部、造船工业部、化学工业部、机器和仪器制造工业部及农业机器制造部等部委的支持，为苏联火箭事业的发展提供了组织保证。

无疑，德国人在V-2火箭技术向苏联转移过程中发挥了不可或缺的作用。他们所做的工作主要集中在三个方面：完整参与了V-2火箭技术的恢复，包括从帮助搜寻V-2火箭，到在苏联本土的试验发射；提出R-2火箭的设计方案；提出更大射程和其他类型火箭的设计思想。

在德国工作时，德国专家与苏联专家在同一机构中共同工作，形成苏德专家团队，德国人在这个新集体中占有人数的绝对优势，是消化吸收V-2火箭技术的示范者。德国人是无形技术知识的载体，无形知识要透过观察、模仿和实践这样的途径获得。因此，苏联政府特别强调将派出的苏联专家指定给每个德国专家负责，让苏德专家在一个机构中共同工作。这种工作模式提供了充分合作与交流的环境，确保苏联人能研习德国人的火箭技术和经验。这样，苏联恢复的不仅是火箭产品，而是全面的火箭技术，包括有形的产品

第五章　苏联火箭技术发展的路径与特点（1944—1951）

和无形的技术知识。驻德工作结束时，苏德专家恢复编写了大量有关 V-2 的图纸、工艺规程、技术说明和报告，以及基于 V-2 改进得到的一些试验数据；共装配 35 枚适于发射的 V-2 火箭，配套了可组装 10 枚火箭的零部件；制造出 2 辆保障试验发射的火箭专列。无论是苏联人还是德国人都对这段共同工作的经历给予了很高的评价。德国专家阿尔布林称："所有的研究都是基于一个全新的集体做出的。我认为我们的一个优势是我们没有得到佩内明德的技术报告，受到旧思维的牵绊比较少，而能够走自己的路。"①

进入研制新型的 R-2 和 R-3 火箭阶段，苏联人采取了新的利用德国人智力的平行工作模式。1947 年，苏联人将德国专家以"战争劳动赔偿义务"的形式迁移到苏联本土，这些德国人自称为"和平俘虏"。在苏联，他们被安排到独立的部门，与苏联人平行地开展工作，独立地提出更大射程的新型火箭设计。然而，苏德专家的工作权力是不对等的。R-2 火箭设计过程中，苏联人派同领域的苏联专家监督德国人的工作，能够将自己的研究与德国人的工作做比较，有权借鉴德国人的设计思想。相反，德国人无权了解苏联人的设计和研制工作，不能利用苏联的研究资源。如此，苏联人既利用了德国的智力，也防止了通过德国人泄密；德国人难以提升自身的技术能力，最终被苏联人弃用。

在此，笔者愿将苏联和美国就掌握德国火箭技术做粗浅的比较。第一，在争夺德国火箭遗产方面，美国占有较大的优势。美军俘获了大批德国专家，其中最重要的是包括冯·布劳恩、多恩伯格在内的佩内明德火箭研究团队。这批专家约有 125 人，都是火箭研制的优秀人才。美军还得到 300 枚完整的 V-2 火箭及零部件②。第二，在对德国火箭技术的消化吸收上，美苏采取了不同的发展路径。与苏联在弹道火箭武器领域集中统一的发展路线不同，美国战后弹道火箭呈现出多头并进的局面③，V-2 国产化这样的做法并没有

---

① Альбринг В. Городомля немецкие исследователи ракет в России [M]. Санкт-Петербург Европейский дом, 2005:41.

② 李成智，李建华. 阿波罗登月计划研究 [M]. 北京：北京航空航天大学出版社，2010:55.

③ 李成智. 通向宇宙之路：跨世纪的航天技术 [M]. 武汉：湖北教育出版社，1997:72.

从模仿到创新
——苏联液体弹道火箭技术的发展（1944—1951）

出现在美国。在新技术的消化吸收上，美国显得更具探索精神，他们将 V-2 火箭技术置于更大的平台进行研究，如高空科研、多级火箭、大型火箭计划等。与美国相比，苏联在这段时间内显得更为专注、谨慎。第三，对待德国人的不同定位。美国人将德国专家纳入本国的火箭研制体系中，其结果正如今天我们所知的，来到美国的大多数德国专家最后都选择留在这里继续从事火箭研究。与此相反，来到苏联的绝大多数德国人都选择回国。其原因，不能简单地归结为文化认同或意识形态问题，一个重要的因素是苏联出于机密性和国家安全的考虑，从未允许德国人介入本国的火箭研制体系，即使这些人选择留在苏联也不能继续从事火箭技术工作。第四，来到美国的德国火箭专家中，有一些实际属于纳粹战犯，他们在多年后受到美国社会的谴责或驱逐。即使冯·布劳恩也不得不在这个问题上为自己辩护。苏联得到的德国专家纳粹背景并不明显，或许其中也有苏联政府向公众隐瞒的情况，但笔者认为一个很重要的原因是，来到苏联的德国专家绝大多数属于与火箭领域相近的专业人才，他们在德国时多为研究所或公司的研究人员。

总之，苏联自英国提供的情报开始关注 V-2 火箭，相继夺取波兰和德国境内的火箭试验场和研发基地，得到部分火箭实物和专家，为发展自己的火箭武器争得了一个较高的起点。利用德国的技术环境，苏联人建立起与德国人共同工作的模式，就地恢复 V-2 技术，逐步掌握火箭整体、发动机和控制系统等方面的设计、制造、装配、测试与发射准备等技术，培养了一批自己的火箭技术研发人才。回国后，苏联人通过 V-2 的国产化，在更大规模上建设本国火箭研发机构，掌握火箭的设计、制造工艺，以及发射试验等技术，解决一些技术问题，并做出改进。在新型号火箭的研制中，苏联人与德国人开展平行研究，尽可能使用自己已经掌握的技术，同时汲取德国人有用的设计思想，通过不断的技术改进，实现关键技术的突破和创新。苏联掌握德国火箭技术的成功案例，展示出军工技术转移与创新的独特路径、模式与经验。这种模式让我们看到，就地取材进行研究，有利于尽快掌握他国的技术。技术在本土的适应性探索是技术能力形成和积累的重要阶段，这是一个非常值得研究的过程。以运用成熟技术为主，以渐进改进与创新为辅，是实现技

第五章　苏联火箭技术发展的路径与特点（1944—1951）

术突破的有效途径。在探索性强的事业开拓中，制度应具有一定的"柔性"，给各类人才发挥积极性和创造力的机会与空间。

　　二战后期，德国火箭技术向美苏等国的转移，是一幅规模宏大、引人深思的图景，其中可以发现很多值得深入研究的问题。苏联和俄罗斯是世界上的航天大国和强国，对德国火箭技术的消化吸收及改进创新，是其本国火箭技术发展历程中的一个重要阶段。本国火箭技术人才的培养是苏联，乃至俄罗斯航天事业得以持续蓬勃发展的重要基础。人才问题，尤其是二战后苏联火箭技术人才的迅速成长一直为学术界所关注，但目前的研究多限于宏大叙事中的零散描述，尚缺乏系统而深入的研究。1950年代来到苏联的德国专家陆续回国，他们是苏德团队技术知识的载体，形成一次苏联火箭技术向德国的回流，促进了德国火箭技术的发展，德国学者在这方面有所研究。这些问题都为我们今后的研究提供了空间。

附录 1

丘吉尔致斯大林关于调查波兰登比察试验场的私人高级密电[①]

（1944 年 7 月 13 日）

Личное и строго секретное послание
от г– на Черчилля маршалу Сталину

1. Имеются достоверные сведения о том, что в течение значительного времени немцы проводили испытания летающих ракет с экспериментальной станции в Дебице в Польше. Согласно нашей информации этот снаряд имеет заряд взрывчатого вещества весом около двенадцати тысяч фунтов, и действенность наших контрмер в значительной степени зависит от того, как много мы сможем узнать об этом оружии, прежде чем оно будет пущено в действие против нас. Дебице лежит на пути Ваших победоносно наступающих войск, и вполне возможно, что Вы овладеете этим пунктом в ближайшие несколько недель.

2. Хотя немцы почти наверняка разрушат или вывезут столько

[①] 摘自 Черток Б Е. Ракеты и люди.Подлипки-Капустин Яр-Тюратам[M]. Москва: Издательство РТСофт, 2011: 236-237.

оборудования, находящегося в Дебице, сколько смогут, вероятно, можно будет получить много информации, когда этот район будет находиться в руках русских. В частности, мы надеемся узнать, как запускается ракета, потому что это позволит нам установить пункты запуска ракет.

3. Поэтому я был бы благодарен, Маршал Сталин, если бы Вы смогли дать надлежащие указания о сохранении той аппаратуры и устройств в Дебице, которые Ваши войска смогут захватить после овладения этим районом, и если бы затем Вы предоставили нам возможность для изучения этой экспериментальной станции нашими специалистами.

13 июля 1944 года

附录2

苏联部长会议《喷气武器问题》决议[①]

No. 1017–419

1946 年 5 月 13 日

绝密

苏联部长会议认为制造喷气武器以及在这方面组织科研和试验工作是非常重要的任务，特决定如下。

一

1. 组建苏联部长会议喷气技术特别委员会，由下列同志组成：

Г·М·马林科夫同志——主席

Д·Ф·乌斯季诺夫同志——副主席

И·Г·祖博维奇同志——副主席，免去其电力工业部的工作

Н·Д·雅科夫列夫同志——委员

П·И·基尔皮奇尼科夫同志——委员

А·И·贝格同志——委员

П·Н·戈列梅金同志——委员

И·А·谢罗夫——委员

---

① 沈志华主编．苏联历史档案选编[M]．第 28 卷．北京：社会科学文献出版社，2002. 2–8. 俄文中 реактивный 一词译为"喷气的、反作用的"更为合适，因此笔者将此文中"火箭武器"改为"喷气武器"。

Н·Э·诺索夫斯基同志——委员

2. 责成喷气技术特别委员会：

（1）监督喷气武器的科研、设计和实际工作的发展，审核并直接向苏联部长会议主席提请批准上述方面科研和实际工作的发展计划与规划，以及决定和批准用于制造喷气武器货币拨款及物质技术资料方面的每一季度的需求；

（2）监督各部和各主管部门完成苏联部长会议关于进行喷气武器的科研、设计、结构以及实际工作任务的情况；

（3）协同有关部长和主管部门领导共同采取业务措施保证按时完成上述任务。

3. 特别委员会拥有自己的机构。

4. 规定各部和主管部门完成制造喷气武器的工作由喷气技术特别委员会监督。未经部长会议特别许可，任何机关、组织和个人都无权干扰或者询问有关于喷气武器的制造情况。

5. 责成喷气技术特别委员会向苏联部长会议主席提请批准1946—1948年度科研和试验工作计划，作为首要任务确定——采用国产材料复制V-2导弹（远程导弹）和瀑布导弹（地空导弹）。

二

6. 由研制生产喷气武器的主导部决定：

（1）装备部——负责液体发动机火箭弹；

（2）农机部——负责固体燃料发动机火箭弹；

（3）航空工业部——负责喷气式巡航导弹。

7. 确定以下各部为协作生产主要部门——委托其完成科研、设计及试验工作，同时按照委员会批准的主导部的订货进行生产：

（1）电力工业部——负责生产陆上和舰船上制导系统的无线电仪器、选择器装置和电视机件装置，建立发现和测定目标方位的雷达站；

（2）造船工业部——负责生产陀螺稳定仪、计算仪表、表现和测定目标方位及到达导弹距离的舰船雷达站、舰船发射装置稳定系统、攻击水下目标火箭弹及仪表的自动制导头；

（3）化学工业部——负责生产液态燃料、氧化剂和催化剂；

（4）航空工业部——负责生产远程导弹的液体喷气式发动机和导弹空气动力研究及试验；

（5）机器和仪器制造工业部——负责生产安装、发射装置、各种压缩机、唧筒及其仪表，以及其他配套装置；

（6）农业机器制造部——负责生产非触发信管、装具和各种火药。

三

8. 为完成委派给各部的任务决定成立：

（1）在装备部、农业机器制造部和电力工业部设立喷气技术管理总局；

（2）在苏联武装力量部设立军械总部喷气武器管理局和海军喷气武器管理局；

（3）在化学工业部、造船工业部、机器和仪器制造工业部设立喷气技术管理局；

（4）在苏联部长会议国家计划委员会设立以国家计委副主任为首的喷气技术局。

9. 在各部设立下列科研所、设计局和喷气技术试验场：

（1）在装备部——在第88号工厂基地成立喷气武器科研所和设计局，撤销该厂其他所有任务，将这些任务分配给装备部的其他工厂；

（2）在农业机器制造部——在国家中央第一设计局基地设立固体燃料喷气弹科研所、在航空工业部第一科研所第二分所基地成立设计局，以及在索夫里斯基试验场基地建立喷气弹科研试验场；

（3）在化学工业部设立喷气式发动机化学试剂和燃料科研所；

（4）在电力工业部——第20科研所和1号工厂的遥控力学实验基地成立附设制导远程及地空喷气弹无线电和电子仪器设计方案局的科研所。委托布尔加宁同志审查决定将武装力量部1号工厂转交给电力工业部的问题，以便委派电力工业部完成该厂的计划；

（5）在苏联武装力量部设立军械总部的喷气科研所和喷气技术国家中心试验场，供所有从事喷气武器研究的部门使用。

10. 责成装备部（乌斯季诺夫同志）、农业机器制造部（万尼科夫同志)、电力工业部(卡巴诺夫同志)、造船工业部(戈列格利亚德同志)、机器和仪器制造工业部(帕尔申同志)、航空工业部(赫鲁尼切夫同志)、化学工业部(别尔乌辛同志)、武装力量部(布尔加宁同志)批准有关部的管理局、科研所和设计局的机构及编制。

四

11. 认为掌握德国喷气技术的下列工作是首要任务:

(1)完全复原 V–2 远程导弹和地空导弹——瀑布导弹、莱茵女儿导弹、蝴蝶导弹的技术文件和模型;

(2)恢复就 V–2 导弹、瀑布导弹、莱茵女儿导弹、蝴蝶导弹及其他导弹进行研究和试验所必需的带有全部设备仪器的实验室和试验台;

(3)培训能够掌握 V–2 导弹、地空导弹及其他导弹的设计、试验方法、生产零部件的工艺和导弹装配的苏联专家队伍。

12. 任命诺索夫斯基同志为在德国的喷气技术工程领导人,常驻德国。免去诺索夫斯基同志与喷气武器无关的其他工作。任命库兹涅佐夫同志(军械部)和盖杜科夫同志为诺索夫斯基同志的助手。

13. 责成喷气技术特别委员会从有关部挑选出必要数量的各专业专家派往德国研制喷气武器,其目的在于把苏联专家指定给每位德国专家负责并从他们那里获得经验。

14. 禁止各部和各主管部门未经特别委员会批准召回其在德国研究德国喷气武器的工作人员。

15. 装备部、农业机器制造部、航空工业部、电力工业部、化学工业部、机器及仪器制造部以及苏联武装力量部等各部,必须在一个月内准备就绪并提交喷气技术特别委员会批准在德国的喷气武器设计、科研和试验的具体计划,连同为每个设计局确定的任务和期限。

为了解在德国的喷气武器工作的进展情况,以便制定目前的工作计划,派乌斯季诺夫、雅科夫列夫和卡巴诺夫同志带领专家组前往德国进行为期 15 天的考查。

16. 责成苏联武装力量部(布尔加宁同志)在德国组建掌握训练和发射

V-2 导弹的特种炮兵部队。

17. 预先决定将德国设计局和专家于 1946 年底从德国转移到苏联的问题。

责成装备部、农业机器制造部、电力工业部、航空工业部、化学工业部、机器及仪器制造部准备好安置德国设计局和专家的基地。喷气技术特别委员会必须在一个月内就此问题向苏联部长会议提出建议。

18. 批准喷气技术特别委员会给从事喷气技术工作的德国专家规定高于一般人员的报酬。

19. 责成苏联武装力量部（赫鲁廖夫同志）为提供在德国从事喷气武器工作的所有苏联和德国专家的生活保障拨出：

（1）11 号定额的免费口粮 1 000 份；

（2）2 号定额的补充口粮 3 000 份；

（3）小轿车 100 辆；

（4）载重汽车 100 辆；

（5）同时供给燃料和配给驾驶人员。

20. 责成苏联财政部和在德国的苏联军事行政机关为在德国的喷气技术特别委员会进行的全部工作拨出经费 7000 万马克。

21. 批准喷气技术特别委员会以及各部在德国为科研所的实验室和喷气武器国家中心试验场，在战争赔款项目下订购各种特殊设备和仪器。委托特别委员会会同国家计划委员会及外贸部共同确定订货清单和供货期限。

22. 委托特别委员会向苏联部长会议提交建议，派遣委员会去美国为喷气技术科研所实验室订购设备和仪器，在这些建议中预先规定按公开许可证委员会有权购买价值 200 万美元的设备仪器。

23. 责成内务部副部长谢罗夫同志为设在德国的喷气技术设计局、科研所、实验室及工厂的正常工作创造必要的条件（食品供应、住房、汽车运输等）。

苏联武装力量部（赫鲁廖夫同志）和战略空军集团军总指挥索科洛夫斯基同志必须给予谢罗夫同志必要的协助。

五

24. 责成喷气技术特别委员会清查由各部和各部门运出的所有设备、仪器、仪表，以及喷气技术资料和模型，并根据赋予各有关部和各部门的任务在它们中的重新分配。

25. 委托苏联武装力量部（布尔加宁同志）向部长会议提出的关于喷气武器国家中心试验场的地点及建设的建议。

26. 责成喷气技术特别委员会提请苏联部长会议主席批准关于奖励研究和制造喷气武器的条例，以及关于为在喷气技术方面特别熟练的工作人员提高薪金的建议。

27. 根据苏联人民委员会1946年3月6日第514号决定，批准喷气技术特别委员会把装备部、农机制造部、航空工业部、电力工业部、机器及仪器制造部、化工部和苏联武装力量部新组建的科研所和喷气武器设计局的薪金额及工业品与食品供应的待遇提高到苏联科学院的科研机构的水平。

28. 责成航空工业部（赫鲁尼切夫同志）向装备部转派发动机制造专家、空气动力学家、飞机制造工人等20名。

29. 责成高等教育部长卡夫塔诺夫同志在高等院校和综合性大学组织培训喷气技术工程师和科学工作者以及重新培训其他专业的高年级大学生掌握喷气武器专业，保证于1946年底前具有高等技术院校学历的喷气武器专家的首批毕业生不少于200名，具有综合性大学学历的毕业生不少于100名。

30. 委托喷气技术特别委员会会同高等教育部从高教科研机构以及其他部挑选500名专家，对他们重新培训，并派遣到从事喷气武器研究的各部工作。

31. 为保证被调到苏联的德国喷气技术专家的住房，委托沃兹涅先斯基同志于1946年10月15日前，根据喷气技术特别委员会的调拨单，在分配计划中预先划出150栋可拆卸的芬兰式房子和40栋8套间的圆木住房。

32. 必须把喷气技术的发展工作当作国家最重要的任务，并责成所有部和机构把喷气技术任务当作首要任务来完成。

苏联部长会议主席　约·斯大林
苏联部长会议办公厅主任　Я·恰达耶夫

后 记

成稿之际，我心中有欣喜，有轻松，有忐忑，也有遗憾，更多的是感激之情。

感谢我的博士生导师中国科学院自然科学史研究所（以下简称"中国科学院科学史所"）张柏春研究员。他帮助我选定研究方向，为我提供广阔的学术平台，鼓励并帮助我发现历史研究的乐趣，树立信心。张老师不仅以身作则，展现了对学术的热爱和敬业精神，还以深入浅出的实例为学生讲解研究方法和为学之道。他对我的学术训练和培养让我受益匪浅。

感谢我的另一位博士生导师，俄罗斯科学院瓦维洛夫自然科学与技术史研究所（以下简称"俄科技史所"）的原所长尤里·巴图林（Ю.М. Батурин）教授。他在获取和解读俄文资料方面给予了我诸多帮助和指导，极大地提升了我对文献可信度的把握，以及解读文献的效率。

感谢我的硕士生导师清华大学鲍鸥教授。鲍老师引领我踏入科技史领域。她以自己深厚的俄罗斯科技史修养指导我的学业，并竭力协助我搜集参考文献。多年来，鲍老师不仅对我的学业给予了关心和指导，也在生活上给予了我许多关怀和爱护。

感谢北京航空航天大学的李成智教授，他慷慨赠予英俄文书籍，帮我解答航天技术史方面的专业问题，并提供了许多富有建设性的意见。李老师曾是我大学本科学习管理学专业时的老师，多年后，当我转向航天史研究时，与李老师再次相遇，实在令人感慨不已。

我还要感谢中国科学院科学史所的田淼研究员,她在德国马克斯－普朗克研究所帮我扫描德文论著,丰富了本书的文献来源。田老师以敏锐的学术洞察力和思辨力,多次给予我宝贵的帮助。

在俄罗斯进行调研和搜集资料是一件不太容易的事情。资料获取的困难和低效都使我的工作进展缓慢,幸运的是,许多老师和朋友给予了我无私的支持和慷慨的帮助。我要感谢俄科技史所的原所长谢尔比宁(Д.Ю. Щербинин)教授。他不仅陪同我游览了国家航天学纪念馆和科罗廖夫故居,还赠送俄文资料和珍贵的火箭图片,为我的研究提供了重要的支持和帮助。感谢圣彼得堡分所的原所长科尔钦斯基(Э.И. Колчинский)教授和现任所长阿谢乌洛娃(Н.А. Ащеулова)教授等俄罗斯老师。他们不仅赠予我书籍,还提出了宝贵的建议,为我在俄罗斯的研究工作提供了有力的支持。感谢圣彼得堡分所的费科罗娃(Т.Ю. Феклова)副研究员和萨维利耶娃(Д.Н. Савельева)副研究员。我们之间建立了良好的友谊,在工作中互相帮助,共同成长。感谢研究所负责外事的秘书拉里萨(Лориса)和列娜(Лена)女士。她们为我在俄罗斯国家图书馆和档案馆的出入提供了许多帮助,使我能够更加顺利地开展工作。我要特别感谢好友辽宁大学崔铮教授。他在莫斯科大学国际关系学院读博期间,多次前往莫斯科大学图书馆、俄罗斯国家图书馆和档案馆,帮我搜集资料,为此他还受到档案馆人员的质询。

感谢德国马克斯－普朗克研究所原所长雷恩(Juergen Renn)教授和图书馆馆长施普岭(Urs Schoepflin)先生,在举办研讨班时对我的关注和支持。他们持续关心并帮助我,特别是在德国火箭技术向苏联的转移方面提出了许多值得关注的问题,分享了他们对德国火箭研究历史的了解。施普岭馆长还向我介绍了德国学者的研究情况,并协助我搜集德文文献。感谢在德国库默斯多夫博物馆接待我的斯文－乌韦－斯托姆(Sven-Uwe Storm)先生,他专程前来为我讲解火箭技术的历史,并通过数次通信慷慨地赠送资料。对于他们的帮助,我深表感谢。

感谢中国科学院科学史所的各位老师和同事多年来对我的帮助和支持。特别感谢"科技知识的创造与传播"(第二期)项目主持人关晓武研究员

从模仿到创新
——苏联液体弹道火箭技术的发展（1944—1951）

对本专题研究的关心和支持。另外，方在庆、刘益东、邹大海、姚大志、孙烈、刘金岩和陈朴研究员，高璐、陈巍、李萌、刘烨昕和李明洋副研究员，以及李云逸助理研究员，不论是赠送英文或德文资料，还是关心我的研究进展，都给予了我诸多的鼓励和建议。特别感谢孙显斌研究员帮助采买俄文书籍，以及英文编辑俞月圆和吕昕给予的专业帮助。

在本专题研究过程中，我曾在不同场合做学术报告，得到了许多老师和学界同仁的帮助。特别感谢美国加州理工学院的王作跃教授，他提醒我关注苏联早期火箭研制者中的女性角色，并协助我与美国研究苏联航天史的专家西第奇（A.A. Sidiqqi）教授建立联系，还慷慨提供英文文献。西第奇教授分享了自己的研究成果，并与我交流了许多宝贵的研究经验。感谢中国科技馆的赵洋博士赠予资料，并分享他的研究成果。此外，华东师范大学的沈志华教授、清华大学的冯立昇教授，以及北京大学的周程教授等老师在交流讨论中对我的研究提出了启发性的建议和帮助。清华大学的吴彤和杨舰教授多年来一直关心我的学术成长，在此一并致谢。

感谢"科技知识的创造与传播"（第二期）、中国科学院青年创新促进会和中国科学院青年研教项目的慷慨资助与支持。感谢山东科学技术出版社的杨磊主任和吴英华编辑，他们多次与我沟通，以耐心细致的工作为本书的顺利出版提供了重要支持。正是有了他们的帮助，本书才得以如期面世。

最后，衷心感谢家人对我工作的理解、支持和鼓励。特别要感谢魏子琦小朋友，我们一起度过了他写小作业、我写大作业的难忘时光，和谐又温暖。

即将付梓，心中不免有些惶恐。我深知自身学识有限，难免会有疏漏之处。在此恳请各位同仁和读者不吝批评指正，唯有如此，方能在未来的工作中不断改进，更上一层楼。

王　芳

于中国科学院基础科学园区